FAUT-IL AVOIR PEUR DE LA 5G ?

Guy
Pujolle

FAUT-IL AVOIR PEUR DE LA 5G ?

Tout savoir
sur le réseau
de demain

LAROUSSE

1

Introduction : la 5G, une révolution ?

La 5G constitue la cinquième génération de réseaux de mobiles, qui se succèdent approximativement tous les dix ans depuis une quarantaine d'années. La 6G sortira en 2030. La technologie 5G vient tout juste d'apparaître, et pourtant elle marque un tournant dans le monde des réseaux en apportant la mobilité généralisée. Avec elle, tout devient mobile : les utilisateurs bien sûr, mais également les multiples objets connectés, les voitures, les avions, une simple oreillette ou une montre… ainsi que les antennes : l'antenne d'un smartphone pourra se connecter directement sur celle d'un smartphone du voisinage. La 5G a été conçue pour les entreprises et non plus pour le grand public, qui profitera néanmoins largement de toutes les nouveautés destinées au monde du travail.

Les enjeux sont énormes, puisque la 5G ouvre une ère où l'on communique depuis partout dans le monde, à toute heure, pour ses loisirs comme pour son travail. Les retombées économiques s'annoncent gigantesques, et les États qui prendront du retard ne compteront fort probablement plus au nombre des pays développés.

Mais cette utilisation massive de l'air comme support de communication n'est pas sans poser de problèmes, car elle provoque une pollution électromagnétique de l'environnement. Nous serons traversés par de plus en plus d'ondes, et un premier défi d'ampleur sera de parvenir à limiter cette pollution sans pour autant freiner les progrès apportés par cette nouvelle génération. Une préoccupation majeure qui s'accompagne de nombreuses autres, telle la dépense énergétique qu'entraîne l'utilisation de la 5G. Les prévisions se multiplient, qui montrent que si on laisse se développer cette nouvelle technologie sans faire attention à son impact écologique, la Terre ne produira plus assez d'énergie dès 2027-2028 pour alimenter le monde informatique et ses réseaux. Un autre domaine où la 5G peut avoir des retombées alarmantes est celui de la surveillance et de la parfaite connaissance de tous et de chacun. Les entreprises qui domineront le traitement de ces connaissances deviendront les maîtres du monde. C'est déjà une tendance lourde, et la 5G ne peut que l'exacerber.

Historique des premières générations de réseaux mobiles

Les six générations de réseaux de mobiles sont illustrées à la figure 1.1. La 1G, on s'en souvient bien grâce au cinéma, donnait la possibilité aux grands de ce monde de téléphoner de leur voiture via des appareils en tous points semblables aux téléphones fixes de l'époque. Il est à noter que la puissance d'émission de ces téléphones mobiles de première génération était bien supérieure à celle des smartphones d'aujourd'hui, dix fois moins puissants en moyenne.

Cette première génération n'existe plus en France depuis longtemps, mais les membres du gouvernement de certains pays l'utilisent encore, en raison justement de cette puissance qui permet d'atteindre des antennes situées à une centaine de kilomètres.

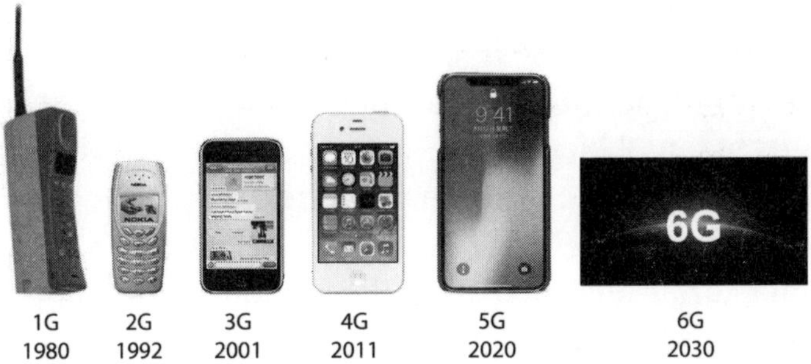

Figure 1.1 – Les six générations de communications mobiles

La 2G marque l'avènement d'une téléphonie mobile grand public avec le bien connu GSM (*Global System for Mobile Communications*). Le téléphone devient un objet portable que l'on peut glisser dans sa poche – même s'il est encore un peu gros et lourd. Il ne sert qu'à téléphoner, et le réseau ne transporte que des voix téléphoniques, des voix humaines dont on a extrait les sons les plus graves et les plus aigus pour limiter le volume d'informations envoyé sur les liaisons radio et permettre à plus de personnes de se connecter simultanément. Il y a eu très brièvement un précurseur au GSM, le Bi-Bop, qui était déjà un téléphone mobile mais demandait que l'on reste immobile pour téléphoner, car le combiné téléphonique n'était tout simplement pas capable de changer d'antenne durant la conversation. De ce fait, le client devait stationner près de l'antenne à laquelle il était connecté. S'il sortait de la zone couverte, la communication était brusquement interrompue.

Les téléphones GSM sont quatre fois moins puissants que les 1G. La portée des signaux émis par l'appareil dépend de la puissance de leur émission : une diminution de puissance consécutive aux premières prises de conscience du danger que pouvaient représenter les ondes électromagnétiques. Il aurait en effet été tentant pour un opérateur de n'installer qu'une seule antenne, au centre de la France, à laquelle les téléphones portables se seraient connectés aussi bien de près que de très loin. Pour couvrir tout l'Hexagone, en supposant que l'on puisse accéder à cette antenne centrale de n'importe où en France, un mobile aurait dû être deux mille fois plus puissant que la 1G. Coller son oreille à un téléphone d'une telle puissance aurait été comme placer la tête dans un four à micro-ondes réglé sur 16 000 watts !

Du fait de cette baisse de puissance des antennes GSM pour en amoindrir les effets, on a dû en augmenter le nombre pour couvrir un territoire où les clients restent connectés en permanence tout en étant mobiles. La difficulté rencontrée lors du développement du GSM a été de permettre à un utilisateur de passer d'une antenne à une autre sans que la communication soit inopinément interrompue, en mettant au point un mécanisme appelé *handover* ou, pour employer la terminologie française, changement intercellulaire. La cellule est la surface géographique couverte par une antenne – la zone dans laquelle le signal est suffisamment puissant pour être capté par un téléphone mobile –, et celle-ci doit être à une distance acceptable pour pouvoir récupérer le signal émis par le téléphone mobile. Nous avons représenté de façon simplifiée à la figure 1.2 un système de télécommunications mobiles.

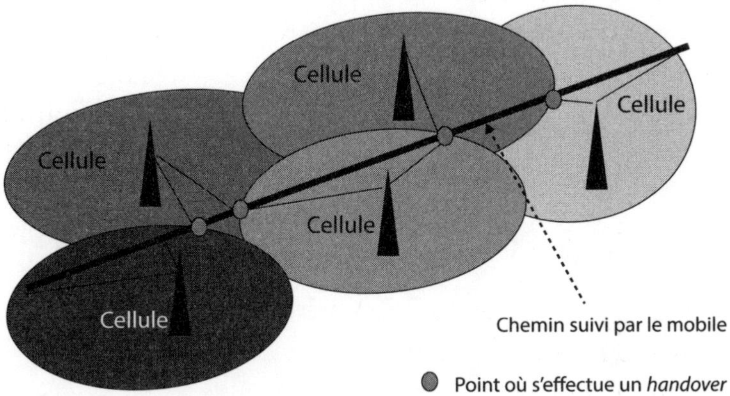

Figure 1.2 – Système de télécommunications mobiles

Pendant un *handover*, le mobile passe d'une cellule à une autre, d'où le terme de « changement intercellulaire ». Dans le GSM, le terminal mobile se connecte automatiquement à l'antenne dont le signal est le plus puissant.

En fait, une cellule n'est pas une surface en deux mais en trois dimensions, puisque les signaux se propagent également dans l'espace. Un réseau de mobiles, comme celui décrit à la figure 1.3, est un ensemble de cellules qui recouvrent le territoire contrôlé par un opérateur. Le terminal se raccorde à une antenne qui n'est pas obligatoirement la plus proche puisque des obstacles – un arbre, une maison ou un bâtiment – peuvent en affaiblir le signal. L'importance de la puissance des signaux reçus par le téléphone mobile en provenance des différentes antennes n'est plus un paramètre décisif pour la 5G. Un terminal mobile peut par exemple se connecter à l'antenne de la cellule qui possède le plus petit nombre de terminaux raccordés, une antenne plus éloignée que d'autres, tout simplement parce qu'elle sera moins congestionnée, et donc capable de fournir un meilleur service.

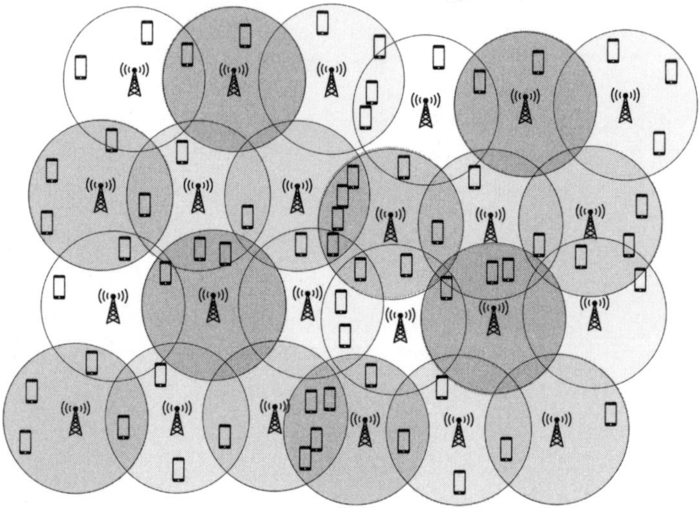

Figure 1.3 – Les cellules d'un réseau de mobiles

La 2G s'est améliorée avec le temps, augmentant le nombre de voix téléphoniques prises en compte simultanément et faisant passer, en plus de ces voix, des données qui proviennent d'applications informatiques comme la messagerie électronique. Mais dans la 2G, le débit d'une connexion radio entre un téléphone et l'antenne reste très faible par rapport à celui des connexions mobiles de 2020, où la liaison radio atteint des vitesses dix mille fois supérieures, et un million de fois avec la 5G. Ainsi, pour récupérer les informations d'un dictionnaire en plusieurs volumes, il faudra quelques secondes avec une connexion 5G alors que cela aurait pris plus d'une vingtaine de jours à la vitesse du GSM.

Les générations intermédiaires de la 2G portent les noms de GPRS (*General Packet Radio Services*) et EDGE (*Enhanced Data Rates for GSM Evolution*). On les rencontre encore en 2020 dans des zones mal couvertes par les opérateurs.

La 3G associe beaucoup plus fortement la parole téléphonique et les données. Ces deux médias passent en parallèle, et le débit global de l'antenne augmente fortement. La puissance des terminaux, que l'on appelle dès lors des smartphones, diminue encore par rapport au GSM. Ces équipements sont intelligents (*smart* en anglais), ils sont capables de réfléchir avant de prendre une décision. Par exemple, en fonction de la distance à l'antenne, ils émettent avec plus ou moins de puissance. Les raisonnements sont encore assez simplistes pour les premiers smartphones, mais les progrès sont indéniables au bout d'une dizaine d'années. La reconnaissance de la parole est un bon exemple de ces applications intelligentes. Et les smartphones 5G seront bourrés de logiciels apportant plus d'intelligence encore, pour optimiser le comportement du réseau et introduire des applications personnalisées concernant tous les domaines de la vie des utilisateurs.

Avec la 3G, on a multiplié le nombre d'antennes, réduisant d'autant la distance à parcourir par les ondes pour y accéder et la puissance d'émission des smartphones. De la même façon, la 5G utilisera beaucoup plus d'antennes, dont la puissance aura encore diminué par rapport à la 4G.

Une difficulté survient alors avec les interférences, qui proviennent de la superposition de deux signaux sur une même fréquence provenant d'antennes différentes. Il faut l'éviter à tout prix, car deux signaux qui se superposent deviennent incompréhensibles, comme si deux personnes parlaient en même temps. En effet, le signal ne s'arrête pas brutalement à une frontière – sauf si c'est un mur blindé d'un kilomètre de haut –, il décroît avec la distance. Lorsque le smartphone sort de la cellule, il continue à recevoir les ondes de l'antenne, mais avec une puissance tellement faible qu'il ne peut plus recouvrir l'information qu'elles contiennent. Or l'augmentation du nombre d'antennes entraînera plus d'interférences.

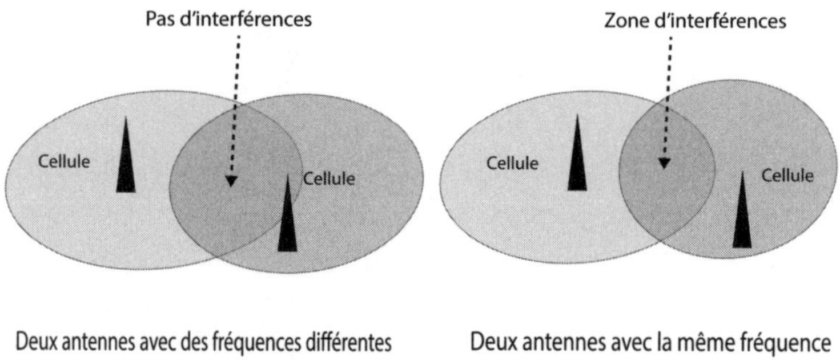

Figure 1.4 – Interférences entre deux antennes

Malgré ce problème des interférences et une gestion plus complexe de la distribution des fréquences pour en réduire la puissance, les concepteurs ont préféré faire le choix de cellules de plus en plus petites. Et cela avec un double objectif : la diminution de la puissance d'émission, puisque la distance à parcourir par une onde est plus limitée, et l'augmentation globale du débit du réseau. Avec de petites cellules, on utilise beaucoup plus la même fréquence, comme on le voit sur le schéma de la figure 1.5. À gauche, un utilisateur téléphone sur une fréquence *f*, et personne d'autre dans la même cellule ne peut utiliser cette fréquence, sinon une interférence se produirait. Tandis qu'à droite, le client téléphone dans une petite cellule avec la fréquence *f*, et un autre, dans une autre petite cellule, peut utiliser la même fréquence *f*, à condition que les deux cellules ne se touchent pas. Il n'y a pas d'interférence car les cellules sont disjointes. Le débit est multiplié par le nombre de petites cellules. Ainsi, les petites cellules ont un double avantage : elles diminuent la puissance des ondes et permettent une augmentation globale du débit du réseau. L'inconvénient est l'augmentation du coût du réseau, puisqu'il faut plus d'antennes.

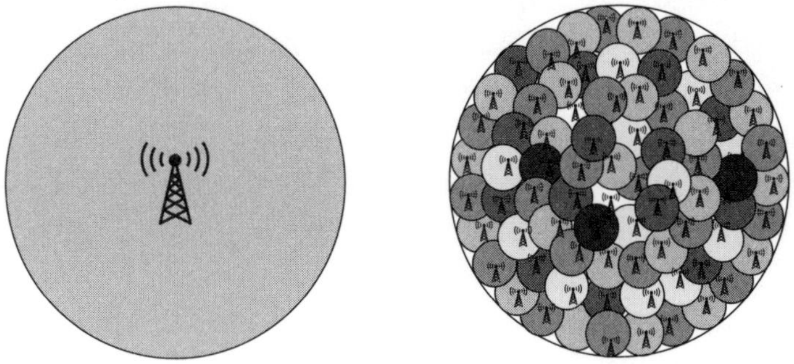

Figure 1.5 – La tendance à aller vers de petites cellules

La solution privilégiée pour la 5G est d'installer les antennes au sein du domicile des utilisateurs. Elle a de nombreux avantages, puisque le câble nécessaire pour raccorder ces antennes existe déjà, qu'il s'agisse des fils téléphoniques, présents parfois depuis des dizaines d'années, ou de la fibre optique. Cette fibre est un câble qui possède un cœur en verre très fin dans lequel la lumière peut se propager en transportant une quantité d'informations prodigieuse – l'équivalent du contenu d'un gros dictionnaire toutes les secondes. Elle remplace petit à petit le câble téléphonique, pour aller vers une société connectée à très haut débit.

Dans les petites cellules, les équipements à connecter sont plus proches de l'antenne. De ce fait, l'antenne nécessite une puissance beaucoup plus faible pour atteindre tous les clients de chacune de ces cellules. Ainsi, le débit total augmente avec le nombre de petites cellules, et la puissance des antennes diminue.

L'inconvénient des petites cellules, et plus généralement de la multiplication des antennes, est leur déploiement : un câble terrestre doit desservir toutes les cellules. Lorsqu'il est nécessaire de faire des travaux de génie civil, comme creuser une tranchée dans une rue, le coût de cette opération devient prohibitif. Cela peut encourager les opérateurs à augmenter la puissance des antennes pour obtenir des cellules plus grandes et éviter de placer de nouvelles antennes, que personne, de surcroît, ne veut avoir près de chez soi. La nouveauté est justement de placer ces nouvelles antennes dans la box Internet de l'utilisateur, avec une puissance extrêmement faible, les ondes n'ayant ainsi à franchir que quelques mètres.

En 2030, les fils du téléphone en cuivre auront été totalement remplacés par la fibre optique. À partir de 2021, les opérateurs de télécommunications devraient déployer 20 millions d'antennes au domicile des utilisateurs, en les ajoutant dans les box Internet ou dans un nouveau boîtier beaucoup plus évolué et apte à rendre de nombreux services commandés par la voix.

La 3G a, comme la 2G, connu des extensions pour améliorer le débit, dans le sens montant comme dans le sens descendant, c'est-à-dire du mobile vers l'antenne ou de l'antenne vers le mobile. Jusqu'à la fin de la 3G, les deux types de connexion coexistent, l'une pour la téléphonie et l'autre pour les données provenant des applications informatiques, celles que vous obtenez en cliquant sur une icône de l'écran de votre smartphone. Les sigles attachés aux extensions de la 3G apparaissent sur les écrans en fonction de la technique utilisée lors de la connexion. Par ordre d'apparition des versions 3G, on relève l'UMTS (*Universal Mobile Telecommunications System*), puis HSPA (*High Speed Packet Access)* et enfin HSPA+. On appelle parfois ces trois familles 3G, 3G+ et 3G++. Les anciennes générations, sauf la 1G, sont conservées pour permettre à tout moment une connexion lorsque la dernière génération est saturée ou qu'elle n'est pas encore déployée.

La 4G apporte une nouveauté fondamentale : il n'y a plus qu'un seul canal, sur lequel passent à la fois les voix et les données. Les voix téléphoniques sont désormais considérées comme des données, sous la forme d'une suite de 0 et de 1. Et ces données peuvent se mélanger à des messages électroniques, des fichiers, des images ou de la vidéo.

Les débits que se partagent les utilisateurs d'une même cellule montent à 1 gigabit par seconde, c'est-à-dire un milliard de 0 ou de 1 par seconde. Plus concrètement, une parole téléphonique demande 10 kbit/s (dix mille bits par seconde), un canal de télévision 1,5 Mbit/s (un million et demi de bits par seconde), enfin un canal de télévision haute définition, 8 Mbit/s. Un pylône 4G peut ainsi transporter 100 000 lignes téléphoniques, ou 666 canaux de télévision, ou encore 125 canaux de télévision haute définition, ou bien sûr un mélange de tout cela, en restant dans la limite de 1 gigabit par seconde.

La 4G connaît également plusieurs avancées technologiques, notamment des débits plus importants et des applications qui annoncent celles de la 5G, comme la liaison entre véhicules intelligents ou la connexion d'objets divers – montres, bracelets, capteurs, etc. Ce à quoi il faut ajouter les applications qui nécessitent des temps de réaction très courts, tels les jeux informatiques en temps réel, où le temps de réaction acceptable est de l'ordre de 100 millisecondes.

Depuis la 4G, la principale évolution est la 4G Pro, qui commence tout juste à être disponible sur le réseau des opérateurs en 2020. Les générations précédentes s'adressaient plutôt au grand public, tandis que la 4G Pro souhaite entrer sur le marché professionnel. Des applications très liées aux entreprises apparaissent, comme la gestion de la santé à distance (téléconsultation et hospitalisation à domicile), les diagnostics de panne d'un réseau d'entreprise ou l'accès à des services Web avec une fiabilité bien supérieure à celle destinée au grand public. La 4G Pro est vraiment un précurseur de la 5G. D'ailleurs les annonces de réseaux 5G ne sont parfois que de la 4G Pro, provoquant fréquemment des discussions à propos de « vraie 5G » et « fausse 5G ».

L'arrivée de la 5G

La 5G n'est en vérité pas très différente de la 4G dans la façon de transporter les signaux électromagnétiques entre les antennes et les utilisateurs. En revanche, le débit global augmente, passant à 10 Gbit/s : les connexions ont une capacité dix fois supérieure à celle de la 4G. Le système est bien sûr toujours fondé sur des antennes permettant de connecter les utilisateurs à l'intérieur d'une cellule, mais avec des cellules toujours plus petites, permettant à la fois d'augmenter le débit global et de diminuer la puissance d'émission, puisque la distance à parcourir par le signal est de plus en plus limitée. Toutefois, cela nécessite d'ériger plus d'antennes, ce qui constitue un fort handicap, puisque rares sont ceux qui souhaitent avoir une antenne près de leur domicile, même si celle-ci a une puissance d'émission très faible.

Une solution, qui existait déjà pour la 4G mais est encore très peu déployée, prend son essor avec la 5G : les toutes petites cellules installées à domicile, appelées femtocells. Le préfixe « femto » indique une grandeur d'un millionième de milliardième de mètre, donc une mesure vraiment minuscule, pour symboliser la petite taille de ces cellules. La portée exacte de ces antennes dépend des obstacles à traverser, et plus particulièrement des murs. La tendance qui pourrait s'imposer serait d'utiliser l'expression « petite cellule » pour les antennes à domicile comme pour celles installées dans les entreprises et dans la sphère publique. La caractérisation de ces petites cellules provient de la portée du signal, qui doit être limitée à un maximum de 100 mètres.

Les habitants du domicile se connecteraient sur l'antenne de leur femtocell, mais des personnes extérieures pourraient également s'y connecter. Ceux qui refuseraient aux autres l'accès à leur cellule n'auraient pas le droit de se connecter sur les millions de petites cellules de leur opérateur.

Le partage des antennes existe d'ailleurs déjà dans les réseaux Wi-Fi. Si vous ouvrez votre box Internet à des clients externes, vous pouvez vous connecter partout en France sur les box ouvertes du même opérateur à l'aide de vos identifiants. Plus les clients Internet d'un même opérateur acceptant d'ouvrir leur box sont nombreux, plus il y a de cellules disponibles et plus il est facile de bénéficier d'une connexion gratuite presque partout. Cette solution pourrait entraîner des doutes sur l'inviolabilité des données figurant dans les ordinateurs du domicile, et la crainte qu'un client externe ait la possibilité de s'y introduire. Mais il n'en est rien grâce aux techniques de chiffrement. Les flots de chaque utilisateur sont chiffrés avec une clé différente, et la technologie de chiffrement des opérateurs est aujourd'hui considérée comme impossible à décrypter – sauf peut-être pour quelques agences d'État dont les moyens en puissance de calcul demeurent considérables.

Prenons l'image suivante pour comprendre les enjeux techniques et sanitaires. Une antenne est l'équivalent d'un feu qui réchauffe les personnes installées autour. Si l'on approche sa main de la flamme, la brûlure est presque instantanée. Si l'on s'éloigne d'une dizaine de centimètres, la brûlure arrive doucement. Si on s'installe à cinq mètres, le feu apporte chaleur et réconfort.

Supposons que nous voulions chauffer toute la France avec un seul feu. Pour ressentir la chaleur aux points les plus éloignés, il faudrait un foyer colossal, d'une taille difficile à imaginer, peut-être une déflagration atomique importante. S'approcher à moins de quelques kilomètres serait impossible sous peine de se retrouver réduit en cendres en une poignée de secondes. Et les personnes les plus éloignées n'auraient peut-être pas très chaud, alors que celles se trouvant à une distance acceptable auraient particulièrement chaud. Plutôt que de faire un seul feu – c'est la 1G, qui porte très loin sans couvrir toute la France –, l'idée est de faire des feux tous les 20 kilomètres – c'est la 2G. Le danger existe encore si l'on se trouve près du feu, mais la chaleur est mieux répartie. Avec les générations suivantes, les feux sont de plus en plus petits, même si pour chauffer partout, il en faut beaucoup. La 5G va encore plus loin en allumant un nombre gigantesque de feux si petits qu'il n'y a plus de risque de brûlure, sauf si on touche la braise. Heureusement, il suffit de se placer à un centimètre pour que le risque disparaisse.

L'analogie n'est certes pas parfaite, mais elle est très proche. Le coût de quelques milliers de gros feux est certainement très inférieur à celui de dizaines de millions de tout petits feux qu'il faut entretenir en apportant du bois sans arrêt. La femtocell est ce tout petit feu qui constitue un danger excessivement faible, et son installation à domicile n'entraîne, on l'a vu, pas de coût supplémentaire, puisque le câble pour relier l'antenne vers le réseau existe déjà (câble téléphonique ou fibre optique).

Au Wi-Fi du domicile s'ajoute un deuxième point d'accès : l'antenne 5G de la femtocell. La puissance d'émission de cette antenne 5G est très faible et équivalente à celle du Wi-Fi. Une des grandes batailles qui s'annoncent concerne justement ce point : avons-nous réellement besoin de deux antennes ? Le monde des télécommunications prévoit de marginaliser la partie Wi-Fi pour éventuellement la voir disparaître totalement dans une dizaine d'années. Mais le Wi-Fi se modernise et il est souvent gratuit ou peu cher. De plus, il faudrait insérer un composant 5G dans les imprimantes, les montres, les tablettes, les milliers d'objets connectés en Wi-Fi. La 5G apporte une solution qui permettrait néanmoins d'être connecté partout, tout le temps, sans se préoccuper de trouver le nom du Wi-Fi de l'endroit où l'on se trouve.

Un avantage pour l'opérateur utilisant des femtocells est de faire payer l'alimentation électrique de l'antenne par l'utilisateur, ce qui est loin d'être négligeable. Pour donner une idée de ce coût, il faut rappeler qu'un boîtier Internet commercialisé par un opérateur de télécommunications consomme autant qu'une ampoule électrique comme il y en a des dizaines dans un domicile. Le point important est que l'ampoule correspondant au boîtier Internet est toujours allumée, vingt-quatre heures sur vingt-quatre. Qui éteint sa box Internet ? Une infime minorité de gens, selon les sondages. La dépense est négligeable pour chaque utilisateur, mais lorsqu'il faut alimenter 25 millions de box en France, cela fait un total équivalant à la moitié de la production d'une centrale nucléaire. Si à l'antenne Wi-Fi s'ajoute l'antenne 5G, la consommation doublera, pour approcher cette fois de la production totale d'une centrale nucléaire. Si chacun éteignait son boîtier la nuit, cela permettrait de diviser la consommation globale par deux. Avec des antennes 5G, les habitants du domicile et les clients à proximité ne devront pas craindre de ne plus pouvoir se connecter la nuit, car les grandes antennes continueront à fonctionner et une connexion sera toujours possible, comme aujourd'hui.

Les petites cellules se trouveront essentiellement au domicile des utilisateurs. En ville, elles peuvent pratiquement couvrir l'ensemble des rues, tandis que dans les parcs et dans les zones rurales, les grandes antennes resteront indispensables. Elles le seront aussi en ville pour connecter des véhicules traversant plusieurs femtocells par seconde. Ainsi, les petites cellules n'élimineront pas les grandes antennes, elles ne feront que les compléter, afin d'atteindre des débits énormes pour les utilisateurs, qu'ils soient chez eux, en promenade, en voiture ou dans le train.

L'architecture des réseaux 5G

Pour bien comprendre le déploiement de la 5G et les problèmes importants qu'il suscite, il faut examiner l'architecture des réseaux de mobiles, qui se compose de trois parties, comme le montre la figure 1.6.

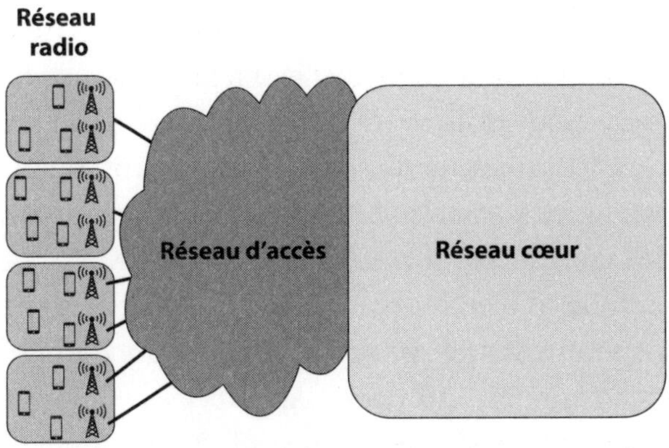

Figure 1.6 – L'architecture des réseaux de mobiles

Les réseaux de mobiles sont généralement associés à la partie gauche de cette figure, la connexion de l'équipement mobile (smartphone, tablette ou autre objet) à l'antenne. Cette partie que l'on appelle radio est constituée des équipements mobiles qui émettent les signaux électromagnétiques et des antennes qui les reçoivent. Elle est bien sûr importante et même indispensable, mais elle ne constitue pas l'intégralité du réseau de mobiles ! Cependant, elle fait peur, car elle utilise des signaux électromagnétiques que l'on ne voit pas et que l'on ne sent pas. Une fois récupérés, ces signaux doivent être envoyés à un autre utilisateur. Pour cela, les données empruntent le réseau d'accès. Si l'utilisateur à atteindre se trouve connecté à la même antenne, le signal repart directement vers lui. Sinon, il entre dans le réseau cœur, qui transporte les données vers un autre réseau d'accès, lequel les délivre à une antenne, qui les envoie enfin au destinataire. Sans le réseau d'accès et le réseau cœur, le système ne peut pas fonctionner.

La deuxième partie est donc le réseau d'accès reliant l'antenne au réseau cœur. Le terme utilisé par les ingénieurs est RAN (*Radio Access Network*). La troisième partie est le réseau cœur, qui utilise des fibres optiques pour transporter une grande quantité de signaux provenant des antennes, afin d'atteindre un utilisateur distant ou un serveur d'applications comme un serveur bancaire. Ces deux dernières parties semblent bien moins dangereuses que le réseau radio pour la santé, puisque les signaux électromagnétiques ont été transformés en données regroupées en paquets pour pouvoir être transportées d'un seul coup sur des liaisons entre les nœuds du réseau.

Les données transportées contiennent à la fois des informations de contrôle pour acheminer les 0 et les 1 vers le destinataire et les informations personnelles des clients à transmettre au récepteur. Certaines ont de la valeur, et leur interception peut constituer une attaque aux libertés individuelles et avoir un impact important sur la vie des individus. En effet, le réseau cœur de la 5G est fondé sur des centres de données, (ou *datacenters*), ce qui n'était pas le cas des générations précédentes. Ces centres de données stockent au passage les données des clients arrivant via les antennes. Ils peuvent traiter ces données, les modifier, les détruire, les dupliquer, etc. Les difficultés que rencontre le constructeur chinois Huawei pour vendre ses matériels 5G sont ainsi dues à l'installation de centres de données qui jouent un rôle névralgique dans cette nouvelle génération de réseaux de mobiles 5G. La vraie révolution de la 5G tient à cette adjonction, à proximité des clients, de centres de données capables d'analyser ce qu'ils font, et éventuellement de retransmettre des informations importantes vers des destinations lointaines. Les centres de données de constructeurs étrangers peuvent donc être considérés comme des espions.

Cette nouvelle infrastructure, dite numérique (*digital* étant le terme anglais), est source d'inquiétudes en raison de toutes les informations qui vont y transiter et peuvent y être traitées. L'utilisateur envoie des messages, des SMS, des photos, des vidéos, etc. Tout cela passe par le centre de données de l'opérateur situé à proximité de l'antenne. Parmi les nombreux objets connectés, les caméras de surveillance sont de plus en plus nombreuses, et leurs flots vidéo passent également par le centre de données, de même que les informations publiées sur Facebook… Absolument tout ce qui est envoyé transite par les centres de données des opérateurs 5G. Or tous ces flots sont stockés et peuvent être analysés avant d'être envoyés vers leurs destinataires.

L'ensemble de ces informations s'appelle le Big Data. Il réunit une étonnante diversité d'informations sous forme de paroles téléphoniques, de vidéos, de textes, d'images, de pages Web, etc. Des logiciels ont été développés pour découvrir des corrélations dans ces immenses banques d'informations. On peut par exemple y retrouver le visage d'une personne sur une vidéo, y associer un texte ou une parole téléphonique, ou encore une information glanée sur un site médical, sportif…

Les centres de données seront la tête pensante de milliards de véhicules connectés. Ils traiteront la plupart des flux provenant des objets connectés, estimés à vingt milliards fin 2020. Puis, rapidement, ce sont des milliards d'objets médicaux et paramédicaux qui seront connectés par la 5G. Les données seront le pétrole du XXIe siècle : leur maîtrise devient capitale. Une lutte a commencé entre les grandes entreprises du Web, regroupées sous l'acronyme GAFAM (Google, Amazon, Facebook, Apple, Microsoft), qui souhaitent prendre en charge et utiliser toutes ces données, et les opérateurs de télécommunications qui, avec la 5G, ont la possibilité de les en empêcher en arrêtant les données et en les traitant eux-mêmes. La bataille semble inégale aujourd'hui, mais les regroupements d'opérateurs, par exemple Orange et Deutsche Telekom dont on parle régulièrement, avec quelques opérateurs plus petits, auraient un poids supérieur à celui des entreprises du GAFAM. La 5G est une opportunité offerte aux opérateurs de diminuer l'importance de ces dernières pour jouer un rôle moteur dans le traitement des données. Même si ce contre-pouvoir potentiel n'élimine en rien le risque éthique pour les consommateurs.

Les générations 4G et 5G sont très semblables en termes de connexion radio mais très différentes pour les parties accès et cœur. Grâce à une nouvelle vision de ces réseaux d'accès et de cœur, la 5G apporte des applications supplémentaires qui ne pouvaient pas être prises en charge par la 4G, comme la conduite automatisée des véhicules, les connexions à très haut débit dans un train à grande vitesse, le contrôle et l'automatisation de la production industrielle d'une usine ou l'acquisition des flots provenant de la connexion de millions de capteurs dans une ville (pour mesurer la température, compter le nombre de véhicules qui passent dans une rue, calculer le temps mis par une rame de métro pour aller d'une station à une autre, déterminer la consommation électrique d'un réverbère, vérifier que la date de péremption d'un aliment n'est pas dépassée, etc.). Pour dresser la liste des centaines de milliers de capteurs différents d'une ville intelligente, il faudrait noircir des centaines de pages. Le concept de « ville intelligente » signifie que tous les flux de données du Big Data provenant de ces capteurs sont analysés et corrélés, produisant des actions automatisées et intelligentes sans intervention humaine.

En réalité, il faut bien noter qu'en 2020, la 4G est encore en pleine expansion. Si l'on examine les courbes de la figure 1.7, on s'aperçoit immédiatement que le déploiement optimal de la 4G est loin d'être atteint ; il adviendra vers 2025. La 4G n'est commercialisée que depuis quelques années et elle devrait bientôt arriver à maturité avec la 4G Pro, tandis que la 5G, si elle est bien définie sur la partie radio, c'est-à-dire la connexion d'un équipement terminal à une antenne, elle n'en est qu'à une phase de finalisation des spécifications pour les parties accès et cœur. Or ces deux standards sont les plus importants de la 5G, car ils permettront d'introduire de nouveaux produits pour les entreprises et le grand public. Les spécifications se sont achevées en juin 2020. Le temps nécessaire pour réaliser les produits industriels et les mettre sur le marché est de presque deux ans. Ensuite, les opérateurs doivent les tester, les acheter et les mettre en œuvre. Les dernières spécifications finalisant la 5G seront disponibles en 2022. La 5G dans une version complète ne pourra donc être déployée que vers 2024 ou 2025.

La figure 1.7 montre le nombre de terminaux mobiles disponibles pour les différentes générations. Les terminaux 5G apparaissent dès 2020. Cela est tout à fait compréhensible puisque, dans l'esprit de cette figure, ce sont les terminaux compatibles avec le standard radio de la 5G qui sont comptabilisés. Cette partie de la 5G ayant été standardisée en 2018, les terminaux compatibles sont arrivés sur le marché en 2020. Cependant, ils sont chers et ne servent pas à grand-chose, puisque seule la vitesse de connexion a été augmentée. Les flux 5G parviennent jusqu'à l'antenne, mais où vont-ils ensuite ? Dans le réseau d'accès et le réseau cœur

4G, où les centres de données ne sont pas encore implantés et où aucune des propriétés fondamentales de la 5G n'existe.

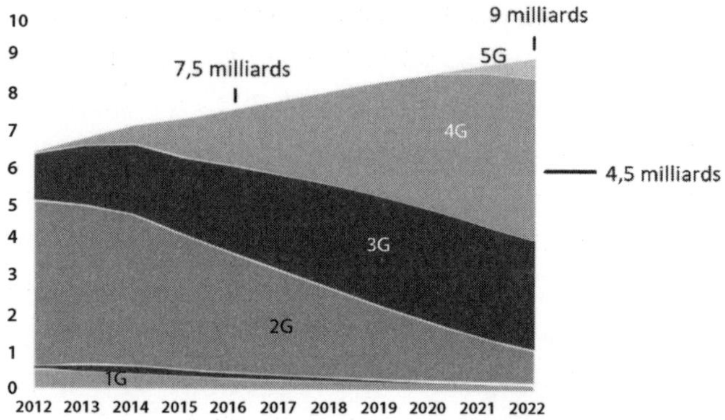

Figure 1.7 – Le nombre de terminaux mobiles des différentes générations

Les standards uniformisant les réseaux du monde entier sont développés par un organisme international dénommé 3GPP (*3rd Generation Partnership Project*), qui regroupe tous les partenaires intervenant d'une façon ou d'une autre dans les réseaux de mobiles. Cette normalisation permet d'avoir une majorité de smartphones et d'antennes compatibles, quoique quelques rares pays jouent un jeu particulier pour empêcher les smartphones étrangers de se connecter sur leurs réseaux. Il y a également des versions légèrement différentes pour que le marché des mobiles dans certains pays soit plus difficilement accessible aux grands industriels d'autres États.

Les fréquences utilisées sont relativement homogènes au niveau mondial grâce à l'action d'un organisme nommé l'UIT (Union internationale des télécommunications, ITU en anglais). L'UIT est la plus ancienne organisation technique intergouvernementale de coordination, puisqu'elle a été créée sous le nom d'Union internationale du télégraphe en 1865. Les Recommandations (avec un R majuscule) faites par l'UIT sont relayées par des organismes continentaux puis nationaux pour être appliquées dans tous les pays. Parfois, elles ne sont pas totalement suivies, ce qui produit quelques entraves pour les grands voyageurs souhaitant se connecter n'importe où dans le monde. Les smartphones bon marché ne prennent en compte que les principales fréquences, tandis que les appareils haut de gamme possèdent le matériel nécessaire pour se connecter partout ou presque.

Chaque génération de réseaux de mobiles a au départ ses propres fréquences. Cependant, sous certaines conditions posées par les organismes de contrôle, les fréquences des anciennes générations sont réaffectées petit à petit aux nouvelles. Et de nouvelles fréquences doivent être ouvertes pour accroître les capacités globales du réseau.

Un des problèmes de la 4G est un manque flagrant de fréquences pour répondre à la demande de débit des utilisateurs qui augmente sans cesse. En 2017, 2018 et 2019, les débits provenant des équipements mobiles ont plus que doublé chaque année. Nous indiquons à la figure 1.8 les grandes applications à l'origine de cette augmentation colossale des débits.

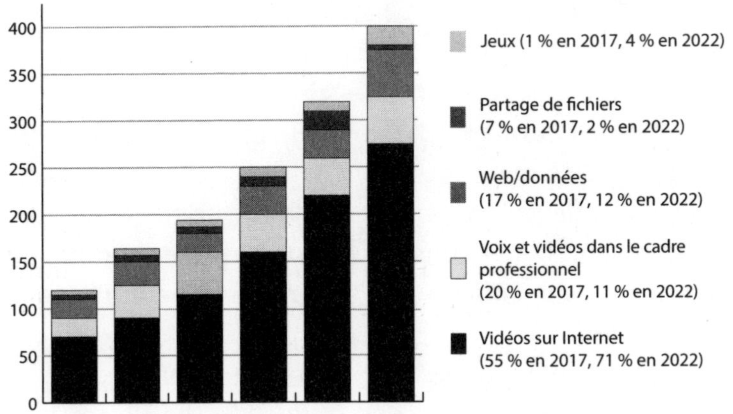

Figure 1.8 – Débit en exaoctets et applications

En examinant cette figure 1.8, on découvre que l'application prépondérante du point de vue du débit est la vidéo. Tout s'exprime aujourd'hui sous forme de vidéos : l'actualité, les publicités et, bien sûr, la télévision ou les films à la demande. Les communications entre individus par la téléphonie, l'audioconférence ou la visioconférence viennent en deuxième position, suivies de l'accès aux informations sur le Web, du partage de fichiers et enfin des jeux. Netflix et YouTube représentent 40 % à eux deux de l'ensemble des débits des réseaux des opérateurs en 2020.

Une des différences entre 4G et 5G est liée aux fréquences utilisées, exprimées en hertz : 1 hertz est la mesure de la fréquence de répétition d'un événement qui a lieu une fois par seconde ; 10 hertz indiquent dix événements par seconde.

Prenons comme exemple la voix humaine. Les hommes utilisent des fréquences entre 100 et 150 hertz, c'est-à-dire que les vibrations provenant des cordes vocales se répètent 100 à 150 fois par seconde, comme c'est le cas chez les basses, les barytons et les ténors. Chez les femmes, les vibrations sont en général plus rapides : de 200 à 300 hertz. En montant vers les aigus, on trouve les altos, les mezzo-sopranos et les sopranos. Si on fait chanter deux airs différents à deux altos en même temps, il y a interférence et rien n'est compréhensible. Les deux chants sont sur la même fréquence. Au contraire, si on fait chanter un baryton et une soprano, on n'éprouve aucune difficulté, en se concentrant sur une voix, à la comprendre.

Les antennes travaillent de la même façon, mais elles émettent des signaux sur des fréquences beaucoup plus hautes, inaudibles par l'oreille humaine, qui ne peut capter qu'entre 20 et 20 000 hertz. Lorsque les antennes sont assez proches les unes des autres, elles émettent sur des fréquences différentes pour que les équipements mobiles puissent récupérer les signaux sans interférence. Chaque opérateur a acheté ses fréquences, qui ne peuvent pas interférer avec celles des autres opérateurs. Quatre antennes de quatre opérateurs différents ne se gênent donc pas. Au contraire, on les trouve en général réunies sur les mêmes points en hauteur, au sommet d'une colline, sur le toit d'un immeuble ou sur les châteaux d'eau.

Si l'on continue l'analogie avec la voix humaine, plus la personne parle fort (ou crie) et plus le son peut être entendu de loin. Cependant, cette voix a une puissance limitée et ne peut franchir que quelques dizaines de mètres. De plus, si le son doit traverser un mur (surtout si ce dernier est porteur), alors il sera affaibli. Il en va de même pour les ondes émises par les antennes et les smartphones. La puissance d'émission est exprimée en watts. Si celle-ci est très forte, le signal se propage loin. Si elle est faible, l'onde va s'affaiblir également pour porter à une distance limitée. Si vous collez votre oreille contre la bouche d'un chanteur qui a beaucoup de puissance, vous serez assourdi et aurez mal à l'oreille. Il en est de même pour les antennes. Si vous êtes trop près d'une antenne puissante, le signal devient dangereux.

Lorsqu'une antenne « chante » sur une fréquence de 1 mégahertz, c'est-à-dire à un million de vibrations par seconde, un signal est émis chaque microseconde. La figure 1.9 montre quelques exemples de signaux à des fréquences utilisées par les antennes.

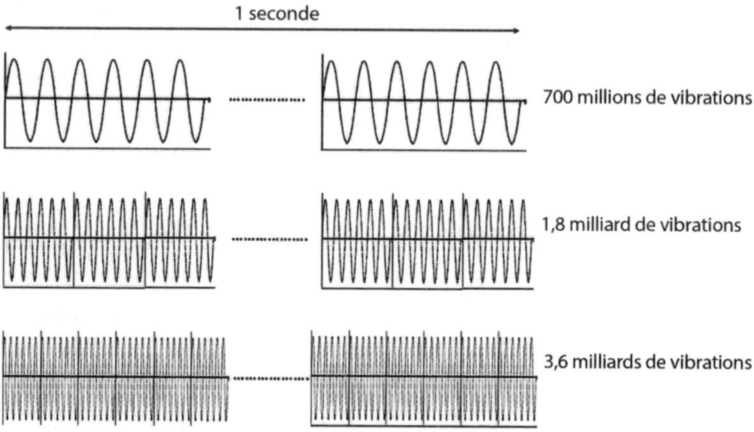

Figure 1.9 – Quelques exemples de signaux électromagnétiques

France Télévisions émet son canal de télévision France 2 sur la fréquence 471,25 mégahertz, et son canal France 3 sur la fréquence 495,25 mégahertz. La 2G émet sur les canaux 900 mégahertz et 1 800 mégahertz. La 3G, elle, émet sur les canaux de 800 et 2 600 mégahertz. Il faut donc acheter un canal de fréquences pour émettre des signaux, et seul le propriétaire a le droit d'émettre sur son canal. Les opérateurs de télécommunications achètent à l'État des canaux de fréquences pour avoir le droit d'émettre. Malheureusement, il n'y a plus de canaux disponibles. Tout a déjà été alloué, à l'audiovisuel, aux opérateurs de télécommunications, à la Défense nationale, aux radars, aux communications entre navires, aux communications par satellite, etc. Les États doivent donc récupérer des fréquences déjà allouées, mais peu utilisées, pour les revendre aux opérateurs qui vont y implanter la 5G.

Les gouvernements souhaitent revendre ces fréquences récupérées à des coûts assez exorbitants pour gagner de l'argent. Par exemple, les premières fréquences 5G vendues en Allemagne ont coûté 4,1 milliards d'euros aux opérateurs de télécommunications.

Une seconde possibilité pour trouver des fréquences disponibles est de monter dans celles qui ne sont pas utilisées. Dans le cas des signaux radio pour les communications, on utilise les fréquences jusqu'à 20 gigahertz, c'est-à-dire 20 milliards d'événements par seconde. La raison de cette limite provient d'une impossibilité d'atteindre des récepteurs éloignés à un tel rythme de vibrations, car l'air, la pluie et bien sûr les murs arrêtent ces signaux. Cependant, les progrès technologiques liés à la 5G permettent de récupérer des signaux très fortement affaiblis, de telle sorte que l'on peut les utiliser sur de courtes distances sans obstacle. Ils se trouvent au-dessus de 20 gigahertz, et jusqu'à 30 gigahertz dans la première mouture de la 5G, puis jusqu'à 120 gigahertz dans la suivante. On augmentera encore beaucoup plus les fréquences utilisables dans un futur lointain, celui de la 6G.

Pour la 5G, l'Europe a attribué aux opérateurs des fréquences entre 3,2 et 3,8 gigahertz. En 2021, des fréquences supérieures à 20 gigahertz leur seront également allouées. Celles-ci ne sont pas utilisées pour le moment.

Le Wi-Fi est dans une certaine mesure le concurrent des technologies des opérateurs de télécommunications. Il utilise des fréquences libres dites ISM (industrielles, scientifiques et médicales). Libres parce que tout le monde peut les utiliser gratuitement, en respectant des puissances d'émission maximales qui dépendent des pays. En Europe, la puissance maximale est de 100 milliwatts, à comparer avec la puissance d'une grande antenne 4G ou 5G, qui peut monter jusqu'à plusieurs dizaines de watts, et à l'antenne d'un smartphone, qui plafonne à 2 watts. Cette dernière valeur est vingt fois plus importante que la puissance de l'antenne

Wi-Fi du même smartphone. De ce fait, le Wi-Fi a une portée restreinte de quelques dizaines de mètres. Comme les fréquences qu'il utilise sont gratuites, les opérateurs de télécommunications s'en servent pour décharger leurs grandes antennes dans les zones particulièrement fréquentées. Les cellules Wi-Fi souvent disponibles dans les rues s'appellent des hotspots (terme qui signifie « points chauds », en référence à la multitude de clients prêts à les utiliser). Ces hotspots appartiennent aux opérateurs de télécommunications, mais aussi aux opérateurs Wi-Fi ou encore aux entreprises privées.

Les signaux électromagnétiques du Wi-Fi sont semblables à ceux des réseaux cellulaires des opérateurs de télécommunications. Ils ont donc les mêmes effets ! Cependant, la réglementation du Wi-Fi imposant, comme on l'a vu plus haut, que la puissance de l'antenne soit limitée à 100 milliwatts, cela implique une portée faible de quelques dizaines de mètres, voire moins si des obstacles se présentent. Ces obstacles affaiblissent le signal, ou même l'arrêtent s'il s'agit d'un mur porteur dans lequel il y a de la ferraille.

Les femtocells de la 5G sont très comparables aux réseaux Wi-Fi. La puissance d'émission maximale est la même. La différence réside dans la façon d'émettre les signaux électromagnétiques pour éviter les interférences.

On peut également prendre comme exemple sur les fréquences le système de télévision, dans lequel les antennes sont peu nombreuses mais extrêmement puissantes pour couvrir de grandes surfaces. La tour Eiffel possède un émetteur de télévision de 200 000 watts, alors que les émetteurs des réseaux de mobiles varient entre 10 et 60 watts, que les smartphones émettent en général entre 10 et 250 milliwatts, même s'ils peuvent aller plus haut si nécessaire, et que les points d'accès Wi-Fi ou les femtocells 5G autorisent jusqu'à 100 milliwatts, et sont donc vingt millions de fois moins puissants que l'émetteur de la tour Eiffel. La portée de 100 kilomètres ou plus des antennes de télévision diminue pour atteindre 1 ou 2 kilomètres en 5G, et quelques mètres seulement pour le Wi-Fi ou la femtocell 5G.

Il est à noter que la puissance d'émission d'un smartphone lorsqu'il est loin de l'antenne ou que les conditions sont mauvaises, comme à l'intérieur d'une voiture ou d'un train, constitue le plus grave danger pour la santé. Lorsque l'on plaque son smartphone sur son oreille, c'est comme si on collait sa tête à une antenne Wi-Fi vingt fois plus puissante que le maximum actuel. Tous ceux qui veulent contrer la dangerosité des ondes n'ont donc qu'une seule solution : abandonner leur portable. Les personnes électrosensibles doivent savoir que la puissance des ondes émises par leur portable collé à l'oreille est mille fois supérieure à celle d'une installation Wi-Fi dans leur chambre, à un mètre de leur visage.

En conclusion, l'équipement le plus dangereux en ce qui concerne les ondes est le smartphone. Les ondes provenant des antennes sont pratiquement négligeables par rapport à celles du smartphone, tout naturellement pour des problèmes de proximité. Emballer son appareil dans de l'aluminium ménager produit l'effet inverse : comme le téléphone n'arrive pas à se faire comprendre de l'antenne, il augmente sa puissance au maximum. Une solution élémentaire à mettre en œuvre est d'éloigner de quelques centimètres son smartphone de son oreille pour diminuer fortement la puissance des ondes reçues. Il faut bien noter cependant que, même collés à l'oreille, tous les smartphones commercialisés ont une puissance inférieure à la valeur maximale. Éloigner son smartphone de quelques centimètres permet de réduire de dix à cent fois la puissance des ondes reçues par l'oreille.

Une autre solution serait évidemment d'abaisser la puissance d'émission des smartphones, mais dans ce cas, ceux-ci capteraient les signaux des antennes mais ne pourraient plus s'y connecter dès lors qu'elles seraient un peu éloignées. Vous pourriez donc entendre votre correspondant, mais pas lui parler ! Autre solution, toujours la même : installer des antennes partout, de telle sorte que même des smartphones de faible puissance pourraient s'y connecter. Cela a en outre l'avantage d'augmenter le débit global – la somme des débits de toutes les cellules. Car si la plupart des utilisateurs pensent que plus il y a d'antennes et plus il y a de danger pour la santé, c'est le contraire !

En vérité, la réalité est un peu plus complexe, car de nombreux paramètres interviennent dans les calculs, en particulier la forme des antennes d'émission et de réception, les réflexions qui se produisent sur les murs et induisent différentes ondes électromagnétiques, etc. Il y a trop de paramètres pour évaluer exactement la puissance des ondes reçues par un individu. Cette incertitude permet de douter des résultats théoriques. Il faut avant tout mesurer cette puissance dans les conditions les plus négatives possibles pour être sûr du respect des valeurs maximales autorisées.

Les grands enjeux de la 5G

Immense avancée technologique, la 5G constitue par conséquent un champ de bataille économique qui a un impact important sur l'écologie, mais aussi potentiellement sur la santé, si le réseau est mal construit, et sur certains domaines de la vie privée.

Si, jusqu'à présent, aucune étude n'a relevé de problème pour la santé lorsque le niveau limite fixé par les autorités est respecté, la question est évidemment de savoir si la 5G augmentera fortement la puissance des ondes reçues par les utilisateurs. Une première réponse évidente est oui. En effet, les ondes de la 5G ne peuvent que s'ajouter aux ondes électromagnétiques provenant des précédentes générations, qui, on l'a vu, ne vont pas disparaître du jour au lendemain, et à celles du Wi-Fi, de la télévision, des fours à micro-ondes, des plaques de cuissons, etc. Avant d'étudier en détail ce point dans le troisième chapitre de ce livre, notons que les réponses à cette question engendrent des polémiques allant d'un extrême à l'autre. Les pro-5G ne voient pas l'ombre d'un problème, tandis que les contre-5G n'y voient aucun intérêt, et au contraire une dangerosité qui provoquera rapidement la mort de la moitié de la population mondiale. Les ondes électromagnétiques sont connues depuis longtemps. Celles utilisées par la 5G, comme celles des générations précédentes, se situent entre les ondes électromagnétiques de la parole et celles de la lumière. Toutes sont dangereuses lorsqu'on s'approche trop près de la source, mais leur puissance décroît rapidement avec la distance. Écouter une grosse cloche sonner en posant son oreille dessus, regarder le phare d'une voiture en collant son œil sur l'ampoule ou poser sa tête contre une antenne entraînent une blessure d'une égale gravité. Si dans les trois cas, je m'éloigne d'un mètre, la gravité de la blessure sera cent fois moindre, et si je m'éloigne de quelques mètres supplémentaires, tout ira bien. Il est évident que la puissance du signal demande un éloignement plus ou moins important : plus la source est forte et plus il faut prendre ses distances. À l'inverse, si le son est très bas, que la lumière provient d'une petite bougie ou le signal d'une antenne très faible, comme le Wi-Fi, alors je devrai m'approcher ; sinon, je ne capterai rien.

La 5G aura également d'importantes conséquences écologiques. Les antennes consomment énormément d'énergie et il y en a actuellement 220 000 en France, toutes générations confondues. Globalement, cela représente l'énergie produite par une centrale nucléaire. Et les spécifications de la 5G nécessitent d'augmenter considérablement le nombre d'antennes, et donc l'énergie nécessaire pour les faire fonctionner. Une augmentation qui n'est pas due à une multiplication des antennes, mais à l'augmentation du trafic à traiter et aux fréquences utilisées, qui portent moins loin que celles des générations précédentes.

Cependant, même si la consommation des antennes est importante, elle est presque infime par rapport aux besoins énergétiques des centres de données. En 2020, il n'y a pas encore beaucoup de centres de données chez les opérateurs de télécommunications, puisque les spécifications du réseau d'accès 5G ne se sont terminées qu'en juin. Mais ces centres de données vont fortement se déployer dans les années qui viennent. Avec 300 grands opérateurs dans le monde et des millions d'antennes, cela nécessitera des quantités colossales d'énergie. Nous avons représenté à la figure 1.10 un centre de données qui n'est autre qu'un ensemble de serveurs rassemblés dans des armoires. Avec plus de 1,2 million de serveurs, le plus gros est celui de China Telecom, en Mongolie-Intérieure.

Figure 1.10 – Un centre de données

La société Google possède 25 gros centres de données et plusieurs dizaines de plus petits. L'énergie totale consommée par cette société avoisine la production de deux centrales nucléaires. Si on ajoute les autres centres de données du GAFAM, ceux des opérateurs, des fournisseurs de services et des sociétés, on arrive à un total de 390 centrales nucléaires pour les alimenter. Pour le moment, approximativement 8 % de l'empreinte carbone sont avalés par l'informatique et les télécommunications. Mais cette valeur augmente de plus en plus rapidement, et en 2025, elle pourrait atteindre 30 %. Des extrapolations montrent qu'en 2030 le monde ne produira plus assez d'énergie pour alimenter l'informatique et les télécommunications. Des recherches de l'Académie royale anglaise (la Royal Society) prévoient un arrêt de l'Internet vers 2027, faute d'énergie ! Il est donc capital de chercher des solutions à cette augmentation exponentielle.

La 5G marque de plus un tournant au niveau sociétal : chacun sera connecté partout et tout le temps, avec un débit suffisamment important pour pouvoir faire tout ce qu'il voudra. Une possibilité qui peut être vue comme positive… ou négative. Être connecté n'est pas un problème en soi. Le problème vient du stockage des données et de leur utilisation. Car le stockage est aujourd'hui l'affaire de grands industriels du Web et de l'Internet, mais aussi de tous les autres industriels. Les sociétés alimentent le Big Data en stockant toutes les commandes, toutes les demandes de renseignements, toutes les données lorsque l'on accède à leur site Web. Elles établissent à partir de ces données le profil de chaque utilisateur, qui prend rapidement de la valeur avec le nombre et la qualité des informations récoltées le concernant : nom, âge, sites visités, déplacements, pays visités, etc. Un profil de bonne qualité peut se négocier à un euro pièce, ce qui attire évidemment la convoitise. Certains pays comme ceux de l'Union européenne essaient de ralentir cette frénésie en édictant des règles sur la conservation des données, mais d'autres, tels les États-Unis, forment une vraie jungle où presque tout est possible.

La 5G pourrait jouer un rôle particulièrement important dans ce contexte. Si tout le trafic passait par les centres de données des opérateurs, ces derniers pourraient remplacer les sociétés du GAFAM en maîtrisant les services demandés à la fois par le grand public et par les professionnels. La 5G visant avant tout le marché professionnel, le premier objectif des opérateurs est de le conquérir en proposant d'utiliser leurs centres de données se trouvant bien plus près des entreprises que ceux du GAFAM. Beaucoup de sociétés peuvent confier la sous-traitance de leur réseau et leur informatique à un opérateur pour des raisons de simplicité.

Les employés sont dans ce cas directement connectés à une antenne 5G implantée dans une petite cellule à l'intérieur de l'entreprise, ou dans une grande cellule recouvrant l'entreprise. Les membres du personnel trouvent les applications et les services nécessaires à leur travail dans le centre de données sur lequel est connectée la petite ou la grande cellule. L'entreprise n'a plus à se soucier de son réseau et de ses applications, tout est confié à l'opérateur. Le phénomène de sous-traitance n'est pas nouveau : une entreprise peut s'adresser à une compagnie spécialisée pour gérer son réseau et son informatique. La nouveauté réside dans l'introduction des opérateurs pour effectuer cette sous-traitance et non plus des compagnies spécialisées dans ce domaine. Le risque est de mettre à disposition de l'opérateur des données sensibles de l'entreprise. Une confiance doit se mettre en place, associée à des techniques de chiffrement des données dans les centres de données des opérateurs.

Si la 5G vise avant tout les entreprises, elle ne laisse pas complètement de côté le grand public. En parvenant à s'immiscer sur le marché des logiciels et des applications réclamés par le grand public, les opérateurs de télécommunications prendront une place de choix, car leurs centres de données se trouvent à quelques kilomètres des clients, tandis que ceux de Google, Facebook, Amazon, Apple ou Microsoft sont à des centaines ou des milliers de kilomètres. Ce n'est certes pas la priorité des opérateurs, qui visent avant tout les entreprises parce que ce marché n'est pas encore fortement numérisé et que les géants du Web n'ont qu'une légère avance – alors que sur le marché grand public, elles sont loin devant.

Les États-Unis ont bien senti l'importance de la 5G et de l'intégration des centres de données dans ce nouvel univers sur le plan tant stratégique qu'économique. Une grande partie des traitements effectués sur les données des sociétés s'effectuera dans des centres de données sur la bordure du réseau, et la proposition des opérateurs correspond bien à ce principe. Les opérateurs de télécommunications américains ayant compris l'avance technique des grandes entreprises américaines du Web cherchent à trouver une solution qui satisferait les deux camps. Cela pourrait passer par le développement chez Google, Amazon et Microsoft d'une nouvelle génération de centres de données, non plus au centre mais sur la périphérie, qui prendraient en charge le travail de ceux des opérateurs.

Nous venons de découvrir que la partie capitale de la 5G n'est pas l'antenne, qui n'est qu'un relais pour aller vers les centres de traitement. Or une des grandes avancées chinoises est la commercialisation de centres de données pour effectuer les traitements de la 5G. Le gouvernement américain a d'ailleurs décidé d'interdire aux équipementiers chinois de vendre leurs produits aux États-Unis sur cette partie sensible du réseau.

On sait depuis longtemps que l'Internet est le théâtre d'attaques innombrables. Une question importante provient justement de cette perméabilité qui pourrait s'exercer avec la 5G. La nouvelle architecture autour des centres de données n'est-elle pas une faiblesse pour la 5G ? Les spécifications de cette nouvelle génération permettront-elles de limiter le nombre d'effractions et de circonscrire les nouvelles attaques dues à la complexité du système et à la nouveauté des centres de données dans lesquels s'exécutent des millions d'applications ? La 5G est une extension de l'Internet, avec ses qualités et ses faiblesses. Les générations précédentes de réseaux de mobiles étaient bien sécurisées puisqu'en grande partie déconnectées de l'Internet. Avec la 5G, l'Internet et le réseau de l'opérateur de télécommunications se confondent, entraînant les attaques classiques, mais aussi de nouvelles, liées à l'infrastructure numérique de la 5G.

La révolution de la 5G

L'impact de la 5G surpasse de très loin les apports des générations précédentes. Sans doute ressemblera-t-il à celui de la 2G, qui a vu la démocratisation des téléphones mobiles avec le GSM. L'objectif est également nouveau, puisqu'il vise avant tout le marché professionnel. En effet, grâce aux générations précédentes, le grand public possède une avance sur les entreprises : plus de débit et plus de mobilité, ainsi que de nombreuses applications disponibles d'un simple clic sur l'écran. Alors que dans l'entreprise, le smartphone ne sert encore qu'à téléphoner. Il n'existe pas d'applications spécialisées comme l'accès à des Clouds ou des applications métier. La productivité n'a que peu augmenté grâce aux réseaux de mobiles. Pour récupérer les marchés des télécommunications et des applications des entreprises, les spécifications de la 5G développent des applications visant le haut débit, les véhicules communicants, l'automatisation de la production industrielle, le contrôle par des capteurs, etc.

La 5G prendra une place prépondérante dans les réseaux véhiculaires, puisque l'automatisation de la conduite automobile s'effectuera par le biais de logiciels disponibles dans les centres de données. L'industrie sera également révolutionnée par la 5G. Les centres de données contrôleront en temps réel tous les capteurs et les actionneurs des machines-outils. Les usines n'auront plus besoin de réseaux spécialisés complexes, difficiles à sécuriser et particulièrement chers.

Cette révolution de la 5G va remplacer l'Internet fixe par l'Internet mobile, de plus en plus d'antennes seront mobiles, installées dans les trains, les véhicules, les avions et les satellites.

On aurait pu penser que la 5G serait juste une évolution de la 4G. En réalité, elle révolutionnera la façon de travailler. Depuis son domicile, dans son véhicule, dans un train, dans un avion, il sera possible de travailler partout comme dans les locaux de son entreprise, avec les mêmes applications et le même débit. Déjà, depuis le début des années 2020, les déplacements deviennent inutiles, grâce à des visioconférences de qualité dont l'utilité a été démontrée durant la crise du Covid-19.

La 5G, avec toutes ses nouveautés, ouvre une nouvelle ère qui fait peur à certains et enthousiasme les autres. Pour ceux qui aiment le changement, la 5G est un outil fantastique qui transformera la société. Mais ces bouleversements affecteront également beaucoup d'individus qui ont du mal à suivre ces évolutions et leur trouvent un ensemble de défauts dont le critère commun est la complexité de la manipulation du smartphone et des outils disponibles. La problématique est de déterminer si ces défauts sont réels et s'ils sont dangereux.

En quarante ans de réseaux de mobiles, toutes les études ont montré que les ondes électromagnétiques n'avaient d'impact sur la santé que si les règles édictées depuis une vingtaine d'années – jamais fondamentalement remises en cause – n'étaient pas respectées. Jusqu'à l'arrivée de la 5G, il est prouvé que les limites imposées sur les puissances de réception sont correctes. Mais les technologies évoluent et s'ajoutent les unes aux autres. Il faut donc rester vigilant, pour que les limites actuelles soient toujours bien respectées. Les progrès technologiques devraient permettre de baisser encore un peu plus les limites, ne serait-ce que pour satisfaire une partie de la population qui le souhaite, ce qui est tout à fait envisageable et réalisable.

Cependant, la vraie menace de la 5G ne réside pas dans les ondes électromagnétiques, ni dans la consommation énergétique. Il y a beaucoup plus dangereux dans la nouvelle extension des réseaux de mobiles : l'espionnage permanent des données des utilisateurs. Quelques sociétés et quelques pays, via des entreprises étatiques, finiront par connaître bien mieux chaque individu vivant sur cette terre que celui-ci ne se connaît lui-même…

2

Les différences entre la 4G et la 5G et les nouvelles applications de la 5G

La 5G : quoi de neuf ?

La 5G est apparue au début des années 1990 pour succéder à la 4G, née dix ans plus tôt. L'idée majeure est de développer une nouvelle génération principalement destinée aux entreprises et aux professionnels plutôt qu'au grand public. Bien sûr, les particuliers profiteront de toutes les améliorations apportées, qu'il s'agisse de l'augmentation des débits, d'une réactivité plus importante ou de la connexion d'objets divers. Mais aucune révolution importante n'est visible dans les applications qui leur sont destinées, la 5G assurant juste une continuité dans les innovations. Les professionnels n'ont pour leur part que peu profité des développements liés aux réseaux de mobiles. Le smartphone n'est pas un outil de travail, c'est un équipement qui facilite certaines communications, mais sans plus.

La 4G Pro qui s'installe depuis 2019 est un premier pas vers les professionnels et est souvent appelée la « pré-5G ».

Avant 2010, l'outil de travail principal était l'ordinateur de bureau. Depuis, l'ordinateur portable s'est imposé, permettant de se connecter depuis n'importe quel endroit. Les services rendus par ces machines proviennent d'applications métier, qui facilitent la gestion de l'activité d'une entreprise en répondant aux besoins spécifiques d'un utilisateur et en lui permettant de réaliser des tâches liées à son travail. Un exemple classique qu'utilisent toutes les sociétés commerciales est celui des logiciels de gestion CRM (*Customer Relationship Management*) pour l'amélioration des relations avec les clients. Ces logiciels sont accessibles par des voies terrestres, l'entreprise étant reliée par une fibre optique au réseau d'un opérateur terrestre.

L'objectif de la 5G est de remplacer les accès terrestres par des accès hertziens et de proposer de nombreux logiciels adaptés aux différents métiers à partir de leurs centres de données. L'accès sans fil vers une antenne 5G se substitue à l'accès par câble. Cette solution apporte un certain confort, l'utilisateur n'étant plus contraint de se placer à côté d'une prise physique pour se connecter. Une fois le client professionnel connecté sur l'accès radio de l'opérateur 5G, celui-ci peut encourager la société à utiliser son offre de services à partir de ses centres de données. Pour le moment, les services offerts par la 4G ne sont pas au niveau des besoins des entreprises.

Les opérateurs 5G doivent inventer de nouveaux services qui soient indispensables aux professionnels pour les attirer vers leurs centres de données. L'ambition est de leur apporter quelque chose de nouveau pour leur faciliter la vie. Ces nouveautés sont classées en trois grandes catégories : le haut débit mobile, les missions critiques avec des temps de latence extrêmement courts (de l'ordre de la milliseconde), associés à une très forte fiabilité, et enfin la connexion d'objets professionnels pour améliorer la productivité.

La normalisation de la 5G est en cours. Elle s'effectue en trois étapes qui ont été définies par le 3GPP (*3rd Generation Partnership Project*), l'organisme qui produit les spécifications de la 5G. Auparavant, le 3GPP a défini la 3G, la 4G et les étapes intermédiaires. Cette organisation a pour vocation de définir un système complet de radiocommunications : les technologies radio, les terminaux, le réseau cœur et les services associés. Le travail à effectuer étant particulièrement complexe vu la diversité des problèmes à prendre en compte, pour y arriver le 3GPP regroupe des membres provenant d'un grand nombre d'organismes qui ont un intérêt dans les nouvelles générations.

En 2020, nous sommes au milieu du processus de développement de la 5G. Juin 2020 a marqué la fin de la plupart des spécifications de la 5G. En fait, pour avoir l'ensemble des caractéristiques, il faudra attendre mars 2022 et les résultats des dernières discussions, en particulier sur la définition des services. Dès les dernières lignes des spécifications écrites, il faut fabriquer les produits, ce qui demande souvent presque deux ans, tests de fonctionnement inclus.

Finalisée en juin 2018, la première spécification ne concernait que la partie radio, qui permet à des terminaux 5G de se connecter à une antenne 5G. Le surcoût d'un smartphone pour avoir un composant 5G peut être évalué à une centaine d'euros. Cependant, l'achat d'un téléphone 5G ne présente que très peu d'intérêt aujourd'hui puisque, une fois arrivées à l'antenne 5G, les données transiteront par le réseau d'accès et le réseau cœur de la 4G, sans application nouvelle.

Dans cette première spécification, on trouve également la normalisation des petites cellules 5G (*small cells*) qui contiennent les antennes des minicells, des microcells, et des femtocells. Ces dernières correspondent aux cellules qui recouvrent le domicile, l'antenne 5G étant placée dans la box Internet. L'objectif, comme expliqué dans le chapitre précédent, est une forte réutilisation des fréquences et une baisse importante de la puissance des antennes, qui ne portent qu'à quelques dizaines de mètres. La puissance de l'antenne est analogue à celle du Wi-Fi.

La plus importante spécification de la 5G, celle rendue publique en juin 2020, définit le réseau d'accès et le réseau cœur. L'élément certainement le plus novateur est l'utilisation de centres de données, qui regroupent de nombreux serveurs en un lieu physique unique. Les serveurs sont là pour récupérer les données des utilisateurs et des machines connectées, pour les traiter et enfin exécuter les applications. Un ensemble de centres de données forme un Cloud, qui exploite les données qui lui arrivent. Un Cloud a une puissance de calcul et de stockage phénoménale, permettant des traitements quasi instantanés. La particularité de la 5G est de développer un Cloud non pas au centre du réseau mais sur les bords, c'est-à-dire près des antennes, pour que les délais d'accès soient très réduits. On appelle cette technologie l'*Edge Computing*.

Les centres de données sont aujourd'hui l'apanage des grands du Web, en particulier du GAFAM. Les opérateurs de télécommunications prennent place entre le client et les centres de données du GAFAM afin de les remplacer en offrant de nouveaux services particulièrement adaptés aux exigences professionnelles. Ces centres de données deviennent potentiellement des concurrents sérieux aux grandes entreprises du Web. Pour cela, les opérateurs de télécommunications doivent être capables d'offrir les services dont les utilisateurs ont besoin. Leur position pourrait leur octroyer une place prépondérante.

Les concepteurs se sont posé la question du business plan de la génération qui doit succéder à la 4G. Pourquoi des utilisateurs auraient-ils envie de passer à cette nouvelle génération ? Car, on l'a vu, pour le grand public elle ne représenterait rien de vraiment nouveau. En revanche, du côté des industriels, un retard important se remarque tout de suite. L'achat d'un smartphone est le fait de particuliers qui souhaitent communiquer d'un grand nombre de façons différentes et accéder à des applications d'Apple, Google ou Samsung. Tandis que pour les professionnels, ces achats étaient réservés à une élite ayant simplement besoin de communiquer via la parole téléphonique.

Les concepteurs de la 5G ont étudié les arguments qui conduiraient une entreprise à fournir à son personnel des smartphones. L'acquisition de ces équipements doit mener à une augmentation de la productivité, représenter un plus comparé à un ordinateur portable. Mais aucune réponse directe n'a pu être apportée à cette demande. Il a fallu trouver un autre moyen pour intéresser les industriels. La question est devenue : comment améliorer la productivité des entreprises et non celle des utilisateurs de smartphones ?

Trois grandes directions, décrites à la figure 2.1, ont été retenues. La première est d'augmenter les débits dans les endroits où se déplacent les professionnels, en particulier les trains à grande vitesse, la classe affaires des avions, les véhicules avec chauffeur, etc. Plus globalement, il s'agit d'augmenter drastiquement les débits lors des déplacements.

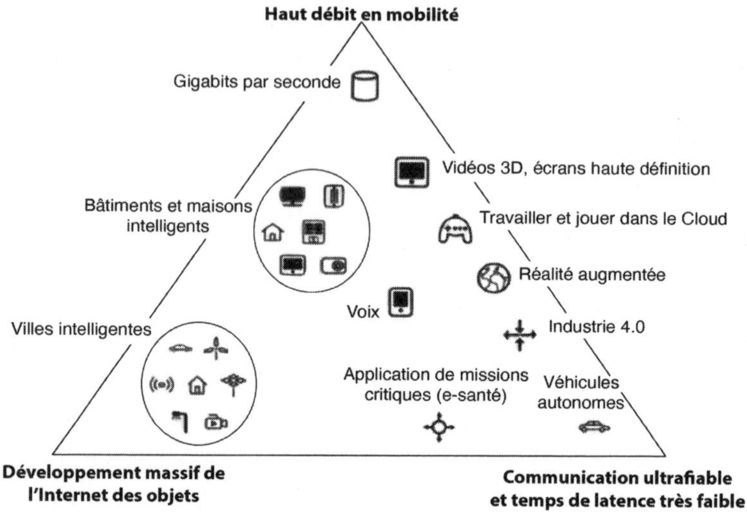

Figure 2.1 – Les trois grandes catégories d'application de la 5G

La deuxième grande catégorie porte le nom de « mission critique » – le mot « critique » renvoyant au temps de réaction et à la fiabilité du système, pour qu'il n'y ait pas de pannes durant un processus. Une mission critique demande des temps de réaction de quelques millisecondes. L'une des applications phares dans cette catégorie est l'automatisation de la conduite des véhicules connectés. Une seconde application, assez révolutionnaire, correspond au pilotage automatique des usines, et plus spécifiquement des chaînes de fabrication, des machines-outils ou encore de l'impression de livres en temps réel.

La troisième catégorie concerne l'Internet des objets du monde professionnel. De nombreux exemples peuvent être cités, comme le matériel médical capable de relever de nombreuses mesures externes ou internes sur le corps humain, pour effectuer un diagnostic automatique. Les machines telles que capteurs et actionneurs dans une usine sont également indispensables pour l'automatisation de la production industrielle. Les capteurs permettant de contrôler un immeuble intelligent ou une ville intelligente font partie de l'infrastructure à mettre en place.

Le très haut débit mobile

Aujourd'hui, les communications téléphoniques dans un train sont généralement de mauvaise qualité. Envoyer un message pendant un déplacement rapide demande souvent un temps qui n'est plus supportable avec l'habitude des box Internet. L'accès au haut débit en mobilité devient une nécessité pour rendre les services attendus par les professionnels qui souhaitent faire une visioconférence dans un train à grande vitesse ou discuter d'un contrat important sans risquer de n'entendre que la moitié des mots ou d'être coupés au milieu d'une phrase. La mobilité : voilà le mot-clé, et ce sur quoi doivent se concentrer les progrès apportés par la 5G. Bien évidemment, pour un client fixe, le débit augmentera d'un facteur 4 à 10 d'une façon tout à fait standard pour une nouvelle génération. Mais pour la mobilité, ce facteur sera de 20 à 100. Une augmentation du trafic qui profitera donc aux professionnels comme au grand public.

Parmi les nombreuses applications concernées par ce débit en mobilité, la connexion à bord d'un véhicule est plus particulièrement visée. Aujourd'hui, le débit total des clients en mobilité, qu'ils soient en voiture, à bord d'un train ou en avion, est négligeable. Deux points expliquent l'explosion attendue de ces débits : les systèmes de pilotage automatique qui libéreront l'esprit des conducteurs, et les améliorations techniques augmentant les possibilités de connexion mobile.

En 2030, on comptera 8 milliards de véhicules dont le conducteur sera connecté à Internet pour travailler, jouer... À raison de deux heures par jour en voiture, en ajoutant les communications des voyageurs en train et en avion, le débit atteindra une valeur équivalente à celle du réseau Internet fixe, où tout est fixe, les antennes en particulier.

Ce marché de la mobilité, avec des antennes exclusivement mobiles, ayant le plus gros coefficient de croissance, on comprend l'intérêt de la 5G à s'en emparer !

Un second environnement se développe à une vitesse impressionnante : les constellations de satellites, plusieurs centaines, voire plusieurs milliers de petits satellites qui tournent autour de la Terre à des altitudes de 400 à 1 500 kilomètres. La plus grosse constellation, avec 40 000 satellites, atteindra un débit total de 40 térabits par seconde et vise 4 % du marché de l'Internet, pour un revenu de 30 milliards de dollars par an. Le coût de mise en place d'une telle constellation étant également proche de 30 milliards de dollars, l'amortissement serait assez spectaculaire, ce qui justifie aisément que les hommes les plus riches du monde, les seuls à pouvoir investir de telles sommes, se ruent sur cette opportunité ! Il est à noter qu'une partie de ces revenus provient de l'Internet des objets et des milliards de connexions à 1 euro par mois.

Les missions critiques

Les applications de type mission critique ont un temps de latence de l'ordre d'une milliseconde : le temps d'aller de l'émetteur jusqu'au centre de données situé derrière l'antenne 5G, plus celui du retour de la réponse. Sans compter le temps que met le centre de données à apporter cette réponse. Deux temps de latence sont schématisés à la figure 2.2, pour deux smartphones.

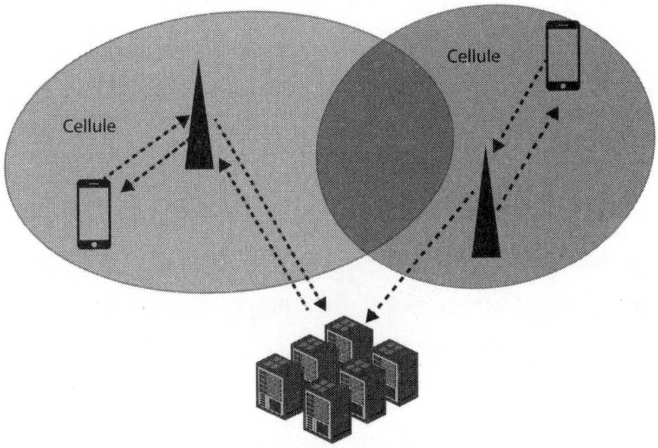

Figure 2.2 – Définition du temps de latence

Les missions critiques constituent vraiment une nouveauté parmi les plus importantes de la 5G. Ce temps maximal de réaction permet de faire transiter une information capitale d'un véhicule à un autre, tous deux connectés à la même antenne, dans un délai extrêmement réduit. Le début d'un freinage se répercutera sur le véhicule suivant pratiquement instantanément, alors que le temps de réaction d'un conducteur lorsqu'il voit les feux rouges du véhicule devant lui s'allumer est au mieux égal à 500 millisecondes s'il est très attentif, et peut atteindre plusieurs secondes s'il a bu un peu d'alcool.

Cette application du contrôle automatique concernant les réseaux véhiculaires est tout à fait différente des applications Internet qu'un conducteur dispensé de conduire utilisera fortement.

La 5G représente la solution de base pour la connexion des véhicules entre eux. Cette technique a pris l'ascendant sur les premières technologies de communication entre véhicules, qui utilisaient le Wi-Fi. L'avantage du Wi-Fi était d'aller directement d'un véhicule à un autre, sans passer par une antenne pouvant se trouver à plusieurs kilomètres. Cependant, l'accès à une antenne 5G est contrôlé très précisément, alors que pour le Wi-Fi, cela reste aléatoire, même si dans le cadre de communications véhiculaires des priorités ont été introduites pour pallier l'aspect incertain de cette technologie. Pour être plus précis, la technologie 5G au niveau des antennes possède des points de synchronisation entre les équipements, ce qui permet d'être sûr qu'un message arrive dans un laps de temps déterminé. Le Wi-Fi n'a aucun point de synchronisation, et ne permet donc pas de connaître précisément le temps d'arrivée d'un message. Cet avantage certain de la 5G du point de vue de la qualité de service devient cependant un inconvénient quand on se penche sur le coût des équipements : une carte d'accès permettant de se connecter à un réseau 5G sera toujours nettement plus chère qu'une carte Wi-Fi. Bien évidemment, si le réseau est désert, les temps de transport seront identiques. En revanche, si le réseau frise la saturation, l'accès radio de la 5G continuera à garantir un temps d'acheminement, mais pas le Wi-Fi. Même si le choix définitif entre les deux technologies, qui ont des rapports performances/prix assez équivalents, n'est pas encore validé dans tous les pays, la puissance des opérateurs de télécommunications et les arguments techniques font de la 5G le favori de cette compétition.

Une question importante concernait les zones où les véhicules ne pourraient plus se connecter les uns aux autres via une grande antenne. La réponse se trouve dans la spécification de juin 2020, avec une nouvelle solution permettant, tout en restant compatible avec la 5G, d'aller directement d'un véhicule à un autre sans passer par une grande antenne. Ces communications sont dénommées V2V (*Vehicle to Vehicle*).

Parmi les missions critiques, on peut également introduire « l'Internet tactile », un terme encore peu connu mais qui deviendra rapidement incontournable dans le vocabulaire de la 5G. Il s'agit de communications avec une forte contrainte en termes de temps de réaction comme de fiabilité. Cela concerne la manipulation tactile d'une console qui télécommande un équipement situé à quelques centaines de kilomètres.

L'exemple le plus parlant est la chirurgie à distance, qui permet au chirurgien de pratiquer une opération sur un patient se trouvant à plusieurs centaines de kilomètres avec un appareillage adapté. Un retour haptique, offrant un ressenti tactile (l'haptique est la science du toucher), est obligatoire pour que le chirurgien puisse sentir la résistance, par exemple s'il coupe un organe. Un retour haptique reproduit les sensations de ce qui se passe à distance via un système de vibration. Il faut bien entendu que la probabilité de panne de l'environnement, que ce soit la console, le réseau ou la machine, soit ridiculement faible. Les premiers essais ont démarré en 2019, avec bien sûr des secours adaptés en attendant de connaître exactement les performances et la fiabilité de la 5G. L'Internet tactile englobe la commande de robots à distance et de drones.

Une troisième application sur laquelle les opérateurs fondent beaucoup d'espoirs est l'automatisation des processus industriels. Une usine possède un réseau industriel capable de relier la station de commande aux robots industriels, capteurs, actionneurs, chaînes de montage, machines-outils, etc. Avec la 5G, ces équipements sont reliés directement au centre de données, qui gère et contrôle l'ensemble. On appelle ces technologies d'automatisation de la fabrication industrielle l'industrie 4.0, en référence à la quatrième génération des processus industriels.

On trouve de nombreuses autres applications dans l'Internet tactile, comme la commande d'outils spécialisés (grues, pelleteuses, tracteurs), la prospection de territoires devenus insalubres en utilisant la vidéo, la commande de bateaux…

Mais cette nouvelle génération de réseaux de mobiles sera-t-elle capable d'apporter la fiabilité nécessaire pour ces applications de l'Internet tactile, et plus généralement les missions critiques ? Tout est conçu pour y parvenir, mais seule l'expérimentation nous donnera les réelles valeurs de fiabilité. Il n'y a pas de doute sur la possibilité d'obtenir des systèmes extrêmement fiables. Cependant, cette fiabilité a un coût : il faut reproduire *n* fois le mécanisme en passant par des réseaux différents pour pallier la panne d'un des réseaux. L'objectif de la 5G pour ne pas augmenter d'une façon démesurée la facture finale reste l'utilisation de matériels et de logiciels bien conçus, testés durant des années. Toutefois, la nature montre que de nouvelles anomalies surgissent toujours, qui n'ont pas été prises en compte par le système. La fiabilité sera au rendez-vous, mais un délai de l'ordre de cinq ans sera nécessaire pour y arriver. Les applications demandant une forte fiabilité ne seront vraiment exploitables qu'à partir de 2025.

Un problème majeur de la 5G provient de la complexité de la virtualisation des équipements, qui consiste à remplacer le matériel par du logiciel s'exécutant dans des centres de données. Le logiciel fait exactement ce que fait le matériel – certes plus lentement, mais il peut être remplacé par un logiciel plus moderne. Tandis que s'il s'agit d'un équipement physique, il faut s'en débarrasser et en acheter un autre, avec de nouvelles fonctionnalités.

La complexité des spécifications est également une mauvaise nouvelle. Elle ne fait que croître malgré les appels des ingénieurs à la simplification. Malheureusement, la 5G ne va pas dans le bon sens ; la lecture des textes des spécifications montre tout de suite que cette complexité s'est accrue par rapport à la 4G. Cela part souvent d'un bon sentiment, puisqu'il s'agit de dépenser moins d'énergie, d'être plus fiable et d'aller plus vite. Par exemple, pour économiser l'énergie, un émetteur et un récepteur se donnent des rendez-vous permettant leur mise en veille entre les deux événements. Une solution certes efficace, mais qui demande l'ajout d'algorithmes susceptibles de ne pas être en osmose avec le reste du système. Il faudrait donc faire table rase de toutes les solutions développées et repartir de zéro, avec l'idée de consommer moins *par design*. Le problème, c'est que le coût d'une telle solution est très élevé : il faut tout repenser et développer une nouvelle génération incompatible avec les précédentes. Or dans les réseaux de mobiles, et plus généralement dans tous les systèmes, cette compatibilité avec les générations précédentes demeure indispensable.

L'Internet des objets

Une troisième classe d'applications, après les hauts débits et les missions critiques, concerne les objets connectés. L'objectif est d'atteindre avec la 5G des milliards de connexions d'objets. En observant les prévisions économiques, les chiffres varient énormément, allant de quelques milliards à quelques dizaines de milliards fin 2020 – les plus optimistes parlent de 100 milliards d'objets connectés en décembre 2020. Les objets peuvent être définis comme des machines physiques ou virtuelles, en général de petite taille, mais ce peut aussi être un véhicule ou un moteur d'avion.

L'Internet des objets (IoT, pour *Internet of Things*) est une infrastructure mondiale permettant de connecter les objets vers des serveurs ou des centres de données. Les milliards de flots provenant des objets forment des ensembles de données gigantesques, le Big Data. On analyse ces données pour obtenir des statistiques et découvrir des corrélations que cette méthode seule peut révéler, tellement les données sont vastes et existent sous des formes variées comme des textes, sons, images, vidéos, etc. Par exemple, si un événement particulier se passe à New York, qu'en Chine une personne prononce un discours dans lequel se trouve le mot « centre de données », qu'en France une rose éclot une semaine plus tôt que prévu, qu'au Brésil la température de la plage de Copacabana est trois degrés en dessous de la normale saisonnière..., l'analyse du Big Data qui prend en compte ces informations montre que la Bourse de Londres va augmenter de 1 % dans l'heure qui suit. Cette déduction semble tout à fait invraisemblable, mais si cela se produit un certain nombre de fois à des moments bien différents, il y a de fortes chances que l'on en arrive à la même conclusion.

Parmi les milliards d'informations disponibles chaque seconde, un être humain est incapable de trouver une corrélation complexe. Il y a beaucoup trop d'informations en trop peu de temps.

Des exemples beaucoup plus terrifiants sont déjà partiellement en exploitation. Par exemple, à partir de son génome, du pays et de la ville où il vit, de la température journalière, du degré de pollution, de la façon dont il se déplace dans la ville, de la durée de son sommeil et de quelques centaines d'autres paramètres, l'analyse du Big Data peut déterminer les probabilités pour un individu de souffrir de telle ou telle maladie dans les mois ou les années à venir. Ces analyses ne donnent qu'un résultat probabiliste, avec une forte probabilité que l'événement se produise. Cela peut évidemment avoir de lourdes conséquences, comme la baisse ou l'augmentation du coût de nos contrats d'assurance en fonction du résultat. On peut facilement imaginer les effets néfastes de ces analyses qui, si elles sont encore principalement l'apanage de quelques entreprises entièrement spécialisées dans l'analyse du Big Data, pourraient être reprises par les opérateurs de la 5G avec leurs centres de données.

Les entreprises du GAFAM sont sûrement impliquées, directement ou indirectement, dans les recherches et l'utilisation de ces techniques. C'est une des raisons pour lesquelles elles pèsent 5 000 milliards de dollars, soit dix fois plus que le budget de la France. Et plus rien ne les arrête ni ne les freine - même le coronavirus n'a eu que très peu d'impact sur ces entreprises.

Un véhicule et un moteur d'avion peuvent être considérés comme des objets qui regroupent d'autres objets. Le débit de l'ensemble des objets d'un véhicule représente 1 à 2 mégabits par seconde. Le débit d'un moteur d'avion est, lui, d'une dizaine de mégabits par seconde. On est encore loin de pouvoir récupérer ces flots en temps réel et de les analyser dans un centre de données qui veillerait sur la santé des véhicules et des moteurs d'avion. Lorsque les voitures et les avions seront connectés par la 5G à des vitesses suffisamment élevées pour transporter ces flots, les centres de données pourront jouer ce rôle de contrôle en temps réel, voire, avec de l'intelligence artificielle, précéder le réel et déterminer qu'un véhicule est sur le point de tomber en panne. Une réparation pourra être entreprise immédiatement, alors que le véhicule est toujours en cours de déplacement, sauf si cette panne concerne une pièce indispensable à son fonctionnement, bien évidemment.

La firme Tesla souhaite mettre en place cette solution pour l'ensemble de ses voitures circulant sur les routes partout dans le monde, afin de détecter des pannes et d'en comprendre les raisons. Cela grâce à la recherche de corrélations d'événements engendrés par cette avalanche de données provenant des véhicules. Ces techniques sont aujourd'hui très au point, mais elles demandent des centres de données de grande taille, pour mémoriser toutes les informations et exécuter les logiciels d'intelligence artificielle nécessaires afin d'arriver à trouver des corrélations entre des événements qui semblent être *a priori* totalement indépendants. Le problème principal réside dans la connexion de ces gros objets avec les centres de données. Une Tesla produit 1 mégaoctet de données par seconde, une valeur inatteignable pour la 4G en continu, mais pas pour la 5G.

Si l'on se projette quelques années plus loin, en 2028, le nombre d'objets connectés augmente très fortement, avec la multiplication des objets médicaux. Chacun absorbera quotidiennement une petite pilule bourrée d'électronique chargée d'effectuer des mesures à l'intérieur du corps. La taille de cette pilule correspondra à ce que l'on appelle une « poussière électronique », beaucoup plus petite qu'une tête d'épingle et donc presque invisible à l'œil nu. Si chaque être humain suivi médicalement avale une pilule 365 jours par an, on atteindra des milliers de milliards d'objets. Ces pilules électroniques auront un processeur de calcul, de la mémoire, une radio pour communiquer et une batterie. Tout cela tiendra dans une poussière grâce à l'utilisation de la picotechnologie. La batterie, évidemment minuscule, sera alimentée par la chaleur du corps humain. La puissance d'émission sera excessivement faible mais suffisante pour atteindre un capteur situé sur la peau qui pourra être connecté à une femtocell 5G, ou éventuellement à une grande antenne. Les centres de données récupéreront ces flots et suivront de près la santé des individus qui seront ainsi équipés. Des alarmes seront émises lorsque l'analyse du Big Data signalera des anomalies. Ces technologies semblent presque irréelles. Pourtant, au début des années 2010, j'ai travaillé dans un laboratoire sud-coréen sur ces futurs produits, avec un objectif de commercialisation vers 2025, les habilitations étant particulièrement longues à obtenir. Quelques années supplémentaires devraient être nécessaires, mais ce type de système existera, la santé étant le secteur économique le plus rentable, bien plus que les smartphones. Ces applications destinées aux professionnels de la médecine posent cependant d'importants problèmes éthiques et écologiques...

Une particularité des antennes 5G est de pouvoir connecter les objets les plus divers, même s'ils ont un faible débit. Examinons le cas d'un détecteur de fumée. Peut-être n'émettra-t-il aucune alerte durant son temps de vie, ce qui est à espérer. Il faut néanmoins que l'antenne sur laquelle il est connecté soit capable de réagir à la moindre alarme. La connexion doit être permanente, même si les objets n'ont rien à transmettre. Cette propriété est complexe à obtenir, car cela nécessite de l'énergie dans chaque objet. Il faut, avec l'équivalent d'une pile alcaline, que l'objet puisse vivre jusqu'à une dizaine d'années. Pour arriver à ces valeurs, l'antenne 5G et l'objet se donnent des rendez-vous allant de quelques minutes à quelques heures, ce qui permet à l'objet de s'endormir, de se réveiller quelques secondes pour effectuer la communication, puis de se rendormir. En fait, il est souvent en veille plutôt que totalement éteint, ce qui demanderait une énergie plus importante à chaque rallumage. De plus, cette solution convient bien à l'antenne, qui n'a pas à se préoccuper des objets endormis. Le détecteur de fumée doit se réveiller très souvent, toutes les dix secondes par exemple, pour évidemment être capable d'envoyer son alerte sans attendre. Une activité de quelques millisecondes toutes les dix secondes permet de baisser prodigieusement la consommation.

L'Internet des objets intervient dans de nombreux environnements, comme les villes intelligentes, les bâtiments intelligents ou les usines intelligentes. Dans une ville intelligente, les capteurs suivent les évolutions des piétons, des véhicules, des métros, des taxis, des vélos, des trottinettes, de l'éclairage, de la pression, de la température... Ces capteurs envoient leur flot de données vers une place de marché qui permet aux applications de récupérer les informations dont elles ont besoin. Il est ainsi facile d'installer une application d'optimisation pour se déplacer d'un point à un autre dans une ville intelligente. Le logiciel d'optimisation récupère tous les flots correspondant aux déplacements, et il en déduira les moyens de locomotion à utiliser pour aller d'un point à un autre en un minimum de temps, ou avec le moins de pollution, ou encore avec le plus de soleil. Cette dernière application de la ville intelligente est destinée au grand public, ce qui montre une fois de plus que, même si l'orientation de la 5G est donnée vers les applications professionnelles, le grand public n'est pas oublié. Mais dans la ville intelligente, il y aura beaucoup d'applications liées à des objectifs business. On peut citer le relevé des compteurs connectés par la 5G au centre de données qui gère les factures, les lampadaires qui se mettent en route en fonction de la luminosité relevée, le fonctionnement optimisé des bus de la ville, la circulation de voitures connectées, entre autres.

Deux applications fortement dirigées vers l'automatisation de la production sont spécifiées par l'IIoT (*Industrial Internet of Things*), qui promet la connexion de nombreux objets pour contrôler les processus industriels et par les connexions V2X (*Vehicle to Everything*) étendant les connexions de véhicule à véhicule à la connexion à toute chose – feux tricolores, piétons, réseaux, etc.

Le futur proche et plus lointain de la 5G

Le futur de la 5G est déjà assez bien déterminé par les études industrielles et académiques. Quelques points sont particulièrement discutés, telle la possible disparition du Wi-Fi pour céder la place à une 5G dominante. Mais cette vision n'est bien sûr guère partagée par les sociétés informatiques, qui font du Wi-Fi la solution gagnante pour les entreprises et les particuliers.

Si l'on adopte la vision d'un opérateur télécom, l'utilisation des trois grandes techniques pour connecter un équipement terminal se découvre sur les courbes décrites à la figure 2.3, qui représentent la proportion de l'ensemble du débit mondial passant par un câble de connexion, le Wi-Fi et les générations de réseaux de mobiles. Ces courbes correspondent aux flots qui sortent de l'équipement terminal

– smartphone, tablette, ordinateur personnel ou objet. Si mon smartphone est connecté sur une antenne Wi-Fi, c'est le Wi-Fi qui est concerné ; s'il est connecté par un câble Ethernet, c'est le câble ; et s'il prend la direction d'un opérateur de télécommunication via une grande antenne, c'est la troisième catégorie qui est prise en compte.

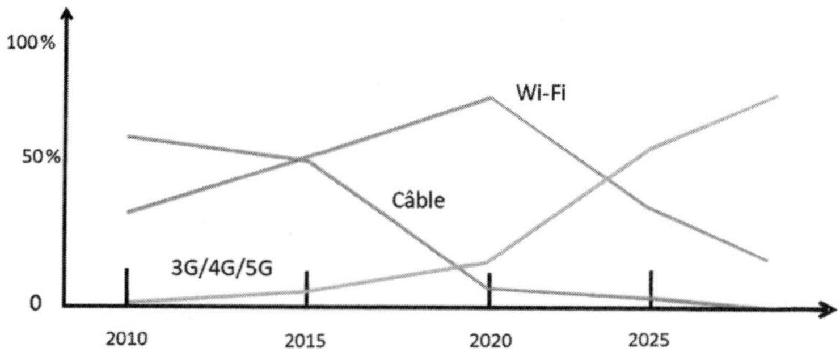

Figure 2.3 – Les techniques d'accès à partir de l'équipement terminal vues par le monde télécom

On découvre que le câble pourrait disparaître à l'horizon 2030, tout devenant connecté par des liaisons hertziennes. Ce n'est que la continuité de ce que l'on observe depuis plusieurs années. Bien évidemment le câble restera absolument nécessaire, au moins durant les dix prochaines années, pour transporter vers le réseau cœur les énormes débits qui arrivent aux antennes. Ces câbles sont d'ailleurs de plus en plus de la fibre optique. Peut-être qu'après 2030 les liaisons directes d'antenne à antenne deviendront le standard, les communications radio rattrapant les débits des fibres optiques, dont le nom pourrait devenir « fibres hertziennes ».

Sur la figure 2.4, nous présentons les mêmes courbes mais vues par un œil d'informaticien et non d'opérateur télécom. Le câble disparaît toujours à l'horizon 2030, mais les technologies des opérateurs de télécommunications ne montent pas aussi rapidement que dans la figure précédente. Le Wi-Fi, lui, se porte bien même si sa pente est légèrement descendante. Attention, sur ce schéma les courbes indiquent une proportion. Si le débit total double, même si, proportionnellement, on observe une légère baisse, cela indique malgré tout un fort accroissement en nombre.

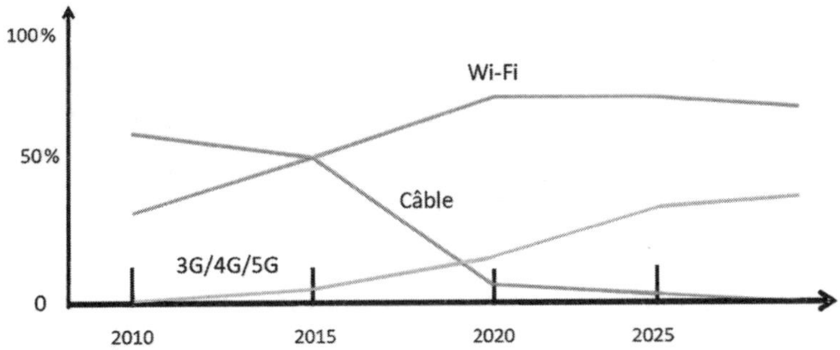

Figure 2.4 – Les techniques d'accès à partir de l'équipement terminal vues par le monde informatique

Le futur proche de la 5G

La 5G pourrait donc être un ennemi mortel pour le Wi-Fi, car elle compte bien s'installer sur les mêmes fréquences, qui sont libres. Il n'y a pas à acheter de droit pour s'en servir, il suffit de respecter les règles édictées par les gouvernements, concernant principalement la puissance maximale, en général de 100 milliwatts. Puisque ces fréquences sont libres, il n'y a aucune raison de ne pas les utiliser dans le cadre de la 5G. Les générations précédentes n'ont pas osé se positionner sur les bandes du Wi-Fi par crainte de perturber cette technologie en introduisant des interférences. Mais les concepteurs de la 5G ont décidé qu'il n'y avait pas de raison majeure pour ne pas se positionner dans les bandes libres, et indirectement s'attaquer au Wi-Fi.

Cette détermination pourrait changer le monde de l'entreprise. Car dans cette guerre entre 5G et Wi-Fi, il s'agit pour les opérateurs de télécommunications de prendre la place du Wi-Fi dans les entreprises comme chez les particuliers. Certains industriels essaient de trouver un compromis entre les deux techniques, particulièrement ceux qui produisent à la fois des composants 5G et Wi-Fi. On peut citer Qualcomm, qui essaie avec d'autres entreprises de trouver une solution permettant d'utiliser simultanément les deux techniques, en passant de l'une à l'autre en fonction du type de communications à mettre en place. La piste qui semble la plus prometteuse se nomme MulteFire ; elle regroupe un grand nombre d'industriels du secteur de l'informatique et des télécommunications.

L'objectif de la dernière spécification de la 5G qui sortira en octobre 2021 ou mars 2022 est de compléter les applications qui pourront être mises en œuvre sur les réseaux 5G. Ces extensions concernent un assez grand nombre de points dont nous ne donnerons que les grandes lignes. Tout d'abord, le texte définira l'utilisation de fréquences encore plus hautes, au-dessus des 52,6 gigahertz, pour augmenter le débit de la 5G à des valeurs de 20 gigabits par seconde et plus. Les cellules seront d'une taille réduite, pour atteindre les utilisateurs sans augmenter la puissance d'émission. La distance maximale de l'antenne à l'utilisateur devrait être de quelques dizaines de mètres.

Le remplacement de la carte SIM, présente dans tous nos smartphones pour gérer notre identité, sera effectif.

La carte SIM, même dans sa version la plus petite, la nano SIM, est la cible d'attaques de plus en plus fréquentes. Ces attaques peuvent être physiques, en « écoutant » à partir de la surface de la carte les communications à l'intérieur, ou logiques, par l'intermédiaire de virus. Globalement, la carte SIM est trop grande pour être protégée efficacement. Les nouvelles solutions ont pour objectif de la miniaturiser. La eSIM (*embedded* SIM) sera soudée sur un composant physique du smartphone et d'une taille beaucoup plus petite, de type poussière électronique. Cette nouvelle génération permettra une meilleure sécurité et la possibilité d'avoir l'équivalent de nombreuses cartes SIM dans un même terminal. Un utilisateur pourra instantanément passer d'un opérateur à un autre, pour avoir une connexion, là où l'opérateur A n'est plus présent, sur l'opérateur B ou C. En d'autres termes, un seul smartphone pourra faire le travail de *n* smartphones ayant *n* abonnements à des opérateurs différents. Mais cela va encore plus loin : le smartphone pourra servir de carte bancaire dans différentes banques, il ouvrira la porte de votre bureau ou de votre domicile et la portière de votre voiture, vous pourrez payer avec au restaurant d'entreprise, accéder à des jeux payants, regarder un film sans abonnement, et globalement réaliser toutes les actions qui demandent une forte sécurisation.

Un effort particulièrement intense sera effectué sur la consommation énergétique, qui n'est pas un point fort du réseau cœur de la 5G, à cause de l'utilisation de nombreux centres de données et d'applications professionnelles dont l'exécution demande de plus en plus d'énergie. Sans cet énorme effort, la dépense énergétique des mondes de l'informatique et des télécommunications explosera et nous ne serons plus aptes à générer l'électricité nécessaire à la croissance des débits.

La 5G vise également le monde de l'audiovisuel, par des techniques appelées multicast permettant, en une seule transmission, d'atteindre un très grand nombre d'utilisateurs. Ces solutions seront à même de remplacer complètement les antennes de télévision. Ce défi important devrait se solder par la disparition d'un des deux acteurs, audiovisuel ou télécommunications, ou par leur regroupement. Les P-DG d'opérateurs télécoms ont bien compris cette opportunité et se sont en partie lancés dans le combat, en essayant d'intégrer la réalisation de films et de programmes à diffuser par les antennes de télécommunications. Pour le moment, ce combat de Titans ne fait que débuter, puisque les entreprises du GAFAM souhaiteraient prendre une place importante dans ce domaine, avec YouTube de Google, Prime d'Amazon, Facebook Video ou Apple TV+.

Il semble que les opérateurs de télécommunications 5G, avec à leur tête en Europe Deutsche Telecom, Orange, Telefonica et Vodafone, s'ils se concertent et s'unissent, auront une puissance telle qu'ils pourraient prendre la maîtrise du domaine de l'audiovisuel en plus des télécommunications. La 5G permettant de transmettre aux débits requis par l'image animée de haute définition, la vidéo et la télévision ne seront que des applications parmi toutes les autres. Le monde de l'audiovisuel n'a pas la capacité technique de prendre en charge les applications informatiques et ne peut pas être considéré comme un concurrent sérieux pour universaliser l'offre de services ; le monde des télécommunications en a les moyens. On peut en déduire une disparition à terme de la télévision classique, avec ses relais hertziens qui ne feront que double emploi, ce qui est déjà partiellement le cas.

Cette disparition du monde audiovisuel libérerait les fréquences utilisées par la télévision numérique terrestre (TNT). Des fréquences d'excellente qualité, qui se propagent très bien, traversent les murs, dont les cellules associées sont grandes, et qui permettraient de ne pas démultiplier les antennes et d'arroser des zones blanches encore mal desservies aujourd'hui par les opérateurs télécoms.

Quant à l'Internet des objets, il connaîtra une forte augmentation du nombre de connexions sur une même antenne. Comme nous l'avons vu précédemment, avec les appareils médicaux, les véhicules, les machines industrielles, les capteurs des villes intelligentes, les actionneurs, les poussières électroniques, le nombre d'objets va totalement exploser, et le passage à l'échelle reste une problématique importante pour les prendre en compte d'une façon satisfaisante.

Le futur plus lointain

Le futur un peu plus lointain fait déjà l'objet de nombreuses recherches, pour aboutir à ce qui sera appelé la 5G+. Les spécifications ne sont pas encore lancées, mais les éléments à étudier et les objectifs sont fixés. Les standards pour cette génération intermédiaire, précédant la 6G de quelques années, devraient être finalisés en 2024-2025 pour un déploiement en 2026-2027.

Des extensions supplémentaires pour démarrer le processus allant vers la 6G sont en cours de préparation dans les laboratoires. Deux grands mouvements se font jour : celui de la concentration de plus en plus forte autour de systèmes centraux capables de piloter automatiquement une grande partie du réseau, et un retour vers une distribution du contrôle. Cette distribution a été à l'origine de l'Internet et de son succès. Pour l'appliquer à la 6G, il faudra que l'intelligence puisse être fortement distribuée dans les équipements terminaux, avec des smartphones de nouvelle génération intégrant d'énormes puissances de traitement des données et des agents intelligents capables de diriger leurs algorithmes vers des buts communs.

Centralisation et distribution : les deux mouvements s'opposent, et les experts auront certainement du mal à converger vers une solution unique. Décentraliser est préférable, toujours pour éviter la prise de contrôle de l'ensemble du système et en fiabiliser le fonctionnement. Les systèmes centralisés sont plus faciles à mettre en œuvre, ils sont beaucoup moins chers à réaliser, mais ils donnent trop de pouvoir à ceux qui les maîtrisent. De plus, ces systèmes sont très sensibles aux pannes. Aujourd'hui, la tendance est de centraliser, puisque cela donne de la puissance à celui qui commande l'ensemble d'une seule main. L'argument du prix et de la faisabilité justifie que les États comme la Chine ou les puissantes sociétés du GAFAM soient partisans de la centralisation. Mais demain, il faudra absolument décentraliser pour ne pas être dépendant d'un État ou de sociétés trop puissantes.

Des entreprises comme Google ou Amazon, qui sont aujourd'hui fortement centralisées, réfléchissent à la façon de contrer les avancées des opérateurs de télécommunications 5G. Une des solutions consisterait à se positionner entre l'utilisateur et les centres de données des opérateurs. Mais ce ne peut être que chez l'utilisateur final. De ce fait, on peut imaginer que les centres de données en question soient chez les utilisateurs. Les flots applicatifs y arriveraient directement, pour se diriger ensuite vers l'antenne 5G. Ces centres de données nouvelle génération sont appelés femto-centres de données, car placés dans la femtocell et de petite taille. On sent bien un danger derrière cette vision : l'espionnage de l'utilisateur au plus près pour une publicité de proximité, chacun recevant des messages ciblés qui ne sont destinés qu'à lui. Cela représente un danger bien plus important que celui provenant des ondes électromagnétiques.

Cette idée de se positionner à la périphérie s'oppose de fait à la centralisation, qui constitue un moyen simple de prendre le pouvoir. La décentralisation va dans le bon sens, mais est ici commandée par le désir de ne pas voir les opérateurs 5G s'installer et reprendre le contrôle concentré aujourd'hui entre les mains d'un État et de quelques entreprises. En outre, rien n'empêchera les femto-centres de données installés chez l'utilisateur de faire remonter de l'information vers des centres de données centraux pour réaliser des traitements Big Data d'importance.

Les opérateurs télécoms seront pris en tenaille entre les femto-centres de données et les centres de données centraux. Les flots peuvent malgré tout être ralentis ou stockés un certain temps par les opérateurs, mais étant chiffrés, ils ne pourront pas être éliminés. Les membres du GAFAM, qui ont parfaitement compris ce potentiel danger que représentent les opérateurs de télécommunications, se préoccupent de développer leurs propres réseaux en achetant par ici des réseaux de fibres optiques, par là des constellations de plus de 10 000 satellites tournant autour de la Terre et permettant aux flots d'aller directement des femto-centres de données aux centres de données centraux.

Aujourd'hui, les opérateurs de télécommunications sont presque des nains en comparaison des grandes sociétés américaines du Web et des réseaux sociaux. Ils sont encore loin d'avoir acquis la compétence informatique nécessaire pour maîtriser les données. La nouvelle architecture provenant de la 5G a cependant été conçue pour leur permettre de revenir au niveau si un regroupement très important s'effectue, pour passer de 500 à 50 entreprises.

Et la 6G ? Quelles nouveautés peut-on en attendre ? Si l'on fait le tour des laboratoires de recherche, et en particulier des équipes qui travaillent sur les réseaux de mobiles, on peut dresser une liste des techniques qui arriveront à maturité dans les années 2025-2030. La première grande nouveauté proviendra des réseaux quantiques, qui remplaceront les réseaux numériques et ont une propriété particulièrement intéressante qui en fait la technologie de transmission de demain : ils permettent de découvrir instantanément si quelqu'un a écouté un flot d'informations. En effet, si l'on écoute le signal quantique, celui-ci est transformé, et le récepteur s'en aperçoit tout de suite. Bien évidemment, si l'information est importante, il est trop tard. Néanmoins, le récepteur sait que quelqu'un d'autre la possède. La solution pour éviter ce problème est d'émettre une clé de chiffrement, une suite d'éléments binaires qui, si elle n'est pas écoutée, servira à chiffrer les flots d'informations.

L'automatisation complète est également au programme de cette future génération. Le réseau possédera un pilote automatique qui lui indiquera tous les contrôles à réaliser. Une image simple est celle du pilote automatique d'un avion, un système existant depuis longtemps, car assez simple à réaliser. Un petit ordinateur de bord enregistre en permanence l'altitude, la vitesse, la force du vent, l'inclinaison de l'avion, etc. Un programme a appris à ce petit ordinateur de bord comment réagir à chaque événement qui se produit. Cette solution est évidemment beaucoup plus simple à mettre en œuvre que celle qui devra être employée dans un réseau où l'information est distribuée en quantité très importante et où des millions, voire des milliards de flots circulent en parallèle. Ces systèmes de pilotage automatique sont néanmoins à l'étude et fonctionnent déjà sur de petits réseaux.

Autant l'intelligence artificielle actuelle est finalement très limitée, autant dans une dizaine d'années elle pourra prendre le contrôle de fonctions majeures dans les systèmes. Le pilotage automatique d'un grand réseau 5G demandera une intelligence presque égale à celle d'un être humain. La mainmise d'un individu ou d'une société sur ces systèmes de pilotage serait bien plus dangereuse que ne le sont les ondes.

La 5G sera opérationnelle dans un avenir proche

L'arrivée de la 5G se précise. La construction de l'infrastructure complète devrait être terminée vers 2024. Cette technologie, on l'a vu, est destinée en premier lieu aux entreprises, avec de nouvelles fonctionnalités, comme les missions critiques ou la connexion de milliards d'objets plus ou moins intelligents. Et le haut débit en mobilité est une constante pour l'ensemble des applications.

Le vrai challenge de cette génération pour les opérateurs télécom est de contrer les attaques des grandes entreprises américaines du Web, celles du GAFAM en particulier. Pour cela, les opérateurs n'ont jamais été aussi unis, pour progresser tous ensemble devant le danger que représentent ces sociétés. La contre-attaque serait de défier ces entreprises du Web sur leur propre terrain grâce aux centres de données qui se mettent en place près des utilisateurs, très précisément juste derrière les antennes.

La 5G souhaite également conquérir de nouveaux terrains de jeu, en particulier celui de l'audiovisuel, en éliminant les relais hertziens de la télévision pour faire passer tous les flots par leurs infrastructures. Elle veut aussi intégrer le monde des équipementiers informatiques, en éliminant le Wi-Fi et en devenant l'unique solution pour transporter de l'information.

Le danger des ondes est un problème capital, parfois plus psychologique que réel, mais les opérateurs doivent en tenir compte pour éviter la destruction de leurs infrastructures et le refus de voir de nouvelles antennes près des écoles, des habitations et ailleurs dans les villes.

Ce futur, bien qu'assez proche, connaîtra de nombreux bouleversements, avec l'objectif commun d'une technologie unique pour communiquer. Si la 5G parvient à mener à bien la totalité du programme qu'elle s'est fixé, les opérateurs pourraient devenir les maîtres du monde, ou du moins partager cette maîtrise avec les grandes entreprises du Web. Les patrons des consortiums d'opérateurs seraient alors les grands manitous des affaires, aussi puissants que les chefs d'État, comme c'est le cas des dirigeants du GAFAM aujourd'hui. Le danger d'une caste dominante est bien réel, avec des pouvoirs inouïs. Celui des ondes peut presque être relégué à l'arrière-plan.

L'infrastructure 5G s'ajoute aux réseaux déjà existants, sans les remplacer dans un premier temps. De nouvelles fréquences sont nécessaires pour lui permettre de connecter des milliards d'êtres humains, d'objets et de machines de toutes sortes. Mais une question se pose : à quel point cette nouvelle génération, si révolutionnaire, va-t-elle bouleverser l'ordre établi ?

3

Santé et 5G : les ondes électromagnétiques de la 5G sont-elles dangereuses ?

Lorsque l'on évoque la dangerosité de la 5G, on pense immédiatement aux ondes électromagnétiques, qui sont d'ailleurs au cœur des préoccupations du grand public. Pour mieux comprendre leurs effets sur la santé, il est nécessaire d'avoir en tête quelques éléments clés à propos des ondes, et plus généralement des rayonnements, qu'ils soient naturels ou artificiels, c'est-à-dire liés à une activité humaine.

Il y a en réalité beaucoup plus de rayonnements naturels que de rayonnements artificiels. Le plus important est l'ensemble des ondes électromagnétiques émises par le Soleil. Il est composé de toute la gamme des rayonnements, de l'ultraviolet, comme les rayons gamma, aux ondes radio en passant par la lumière visible. La figure 3.1 donne les principaux rayonnements solaires, dont la puissance à la surface de la Terre serait équivalente à plus de 10 000 fois celle de toutes les ondes artificielles.

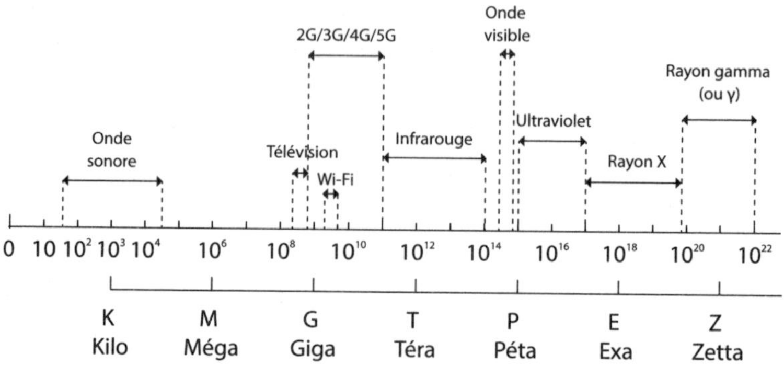

Figure 3.1 – Les rayonnements

Heureusement, le passage dans l'atmosphère arrête les ondes de très haute fréquence, comme les ultraviolets, les rayons X et les rayons gamma. La partie haute des ultraviolets et les rayonnements à plus haute fréquence ont la particularité d'attaquer les atomes. Ils sont dits « ionisants » et sont dangereux.

Les rayonnements qui nous intéressent dans la 5G se situent entre les ondes vocales, qui permettent à l'oreille d'entendre, et les ondes visibles, qui permettent à l'œil de voir. Un diapason est accordé sur la fréquence de 440 hertz, le bleu de la mer que l'œil peut observer utilise une fréquence d'un peu moins d'un million de milliards de hertz. Un être humain entend les sons entre 40 et 40 000 hertz et voit les lumières entre 0,4 et 0,7 million de milliards de hertz. Les chiens, eux, entendent jusqu'à 50 000 hertz, et les abeilles voient à des fréquences plus hautes que nous, tandis que les moustiques captent à des fréquences plus basses. Il existe des seuils de douleur pour le son et la lumière définis par une intensité qu'il est préférable de ne pas dépasser.

Les rayonnements ionisants correspondent à des ondes électromagnétiques extrêmement énergétiques, qui peuvent arracher les électrons des atomes et qui, en grande quantité, se révèlent mortelles. Ces rayonnements ionisants se produisent pour des fréquences extrêmement élevées, comme celles des rayons X ou des rayons gamma. Ces ondes ionisantes ont des effets cancérigènes avérés, et il faut bien sûr les éviter !

Les rayons X sont utilisés en médecine. La dose pour effectuer une radio doit rester le plus faible possible et, étant donné le grand nombre de clichés effectués lors d'une journée de travail, les professionnels de la santé ont l'obligation de se protéger : ils quittent la salle ou portent des tenues de protection adaptées. La radiothérapie est également une méthode de traitement du cancer : on recourt aux radiations pour détruire les cellules cancéreuses. Les rayons X ont des fréquences de l'ordre de 30 pétahertz, soit 30 millions de milliards de hertz, ce qui représente une oscillation de l'onde 10 millions de fois plus rapide que celle des ondes des réseaux de mobiles.

Les ondes gamma produites lors d'explosions atomiques proviennent de produits radioactifs comme l'uranium ou le plutonium. Elles sont encore plus dangereuses. Lors d'accidents nucléaires, lorsque l'exposition est forte et prolongée, elle entraîne la mort à court terme.

Le rayonnement cosmique du Soleil ou d'autres sources encore plus lointaines est lui aussi ionisant, mais d'origine naturelle. Ce rayonnement électromagnétique parvient sur la Terre avec une très faible énergie, même si une longue exposition au soleil peut devenir dangereuse. Du fait de l'ionisation, ces ondes sont bien plus dangereuses que celles, non ionisantes, qui sont produites par nos smartphones et nos antennes. Dans le monde, le nombre de cancers de la peau dus au soleil est très important, avec heureusement une faible mortalité. Ces chiffres sont à comparer au nombre de décès provoqués par une exposition aux ondes utilisées dans les réseaux des opérateurs de mobiles, qui reste inférieur à une dizaine en quarante ans. De plus, cela est arrivé lors des premières années d'exploitation, lorsque les puissances n'étaient pas limitées et que des techniciens pouvaient intervenir sur des antennes allumées. Ces morts prouvent néanmoins que les rayonnements ne sont pas inoffensifs si l'on ne fixe pas une limite adéquate à leur puissance d'émission.

Les ondes radio qui nous intéressent sont pour leur part non ionisantes, et n'ont par conséquent aucun effet sur notre ADN. Elles provoquent un échauffement de la peau. Plus le smartphone reste collé à l'oreille, plus la chaleur de la peau peut augmenter. Une première solution simple pour éviter cela est de ne pas dépasser la dizaine de minutes au téléphone sans une interruption de même durée. Et utiliser un kit mains libres permet d'éviter l'échauffement.

Les normes de dangerosité en France et à l'étranger

Lorsqu'on parle des dangers de la 5G pour la santé, on doit plus précisément évoquer les champs électromagnétiques. Comme nous l'avons vu, les rayonnements utilisés se trouvent au-dessus des ondes sonores et bien en dessous des ondes visibles, qui elles-mêmes sont très inférieures aux ultraviolets, aux rayons X et aux rayons gamma.

L'indice utilisé se nomme débit d'absorption spécifique ou DAS (SAR en anglais, *Specific Absorption Rate*). Il indique la puissance d'un flux d'énergie véhiculée par les ondes électromagnétiques qu'absorbe l'utilisateur d'un équipement de réception comme un smartphone à pleine puissance et dans les pires conditions d'utilisation. Le DAS correspond aussi à la quantité d'énergie absorbée par le corps par unité de temps et de masse. Le principal mécanisme d'interaction entre l'énergie des ondes et le corps humain est l'échauffement des tissus. Aux fréquences utilisées par les téléphones mobiles, cette énergie est absorbée par la peau et les autres tissus superficiels, ce qui se traduit par une augmentation de la température dans le cerveau ou tout autre organe. De très nombreuses études ont été menées sur cette élévation de température, qui est extrêmement faible mais démontrée si le mobile touche la peau. Elles ont aussi prouvé qu'éloigner le smartphone d'un seul centimètre faisait baisser fortement sa puissance de réception, et qu'il n'y avait alors plus d'élévation de température – sauf à rester de nombreuses heures au téléphone.

Au cours d'autres études portant sur l'effet des ondes électromagnétiques sur l'activité électrique du cerveau, les fonctions cognitives, le sommeil, le rythme cardiaque et la pression artérielle, rien n'a pu être détecté de suspect – toujours dans le cas où les valeurs maximales admissibles étaient respectées. De plus, les mesures n'ont pas pu fournir d'éléments étayant une relation de cause à effet entre l'exposition aux champs électromagnétiques et l'hypersensibilité de certaines personnes. Une hypersensibilité se manifeste par divers symptômes fonctionnels non spécifiques, attribués par les sujets eux-mêmes à une exposition à des champs d'ondes électromagnétiques, sans preuves cliniques ni biologiques. L'hypersensibilité aux ondes est du même type que celle relative au bruit ou à la lumière.

Les ondes électromagnétiques peuvent-elles provoquer des cancers ? Des études très poussées ont été lancées pour déterminer s'il existait des liens entre smartphone et cancer du cerveau. Une analyse internationale réalisée par une quinzaine de pays et portant sur un peu plus de dix ans n'a pas pu mettre en évidence qu'une augmentation du risque de ce type de cancer. Il est vrai qu'une période de dix ans est relativement courte, et que le cancer pourrait apparaître beaucoup plus tard… Et certains résultats montreraient néanmoins un risque accru pour les 10 % d'individus de cette étude qui passaient le plus d'heures au téléphone. Mais il s'agit d'une interprétation de données analysées sur un nombre de cas encore trop limité pour être représentatif.

Le Centre international de recherche sur le cancer (CIRC) a classé les champs électromagnétiques parmi les « cancérogènes possibles pour l'homme », une catégorie utilisée lorsque l'on considère comme crédible un lien de cause à effet, sans que l'on puisse pour autant éliminer avec une certitude raisonnable le hasard, un biais ou des facteurs de confusion.

Il y a plusieurs façons de calculer le débit d'absorption spécifique (DAS). On peut mesurer la densité d'un courant dans les tissus, calculer le champ électrique, ou bien déterminer l'élévation de la température du corps. Il n'y a pas de vrai débat sur ce mode de calcul du DAS, mais un fort désaccord sur la valeur maximale qui doit être respectée pour cet indice. Lorsque l'équipement touche le corps ou est placé à une distance inférieure à 5 millimètres, le DAS est mesuré en watts par kilo (W/kg). Lorsqu'il s'agit de la réception du signal d'une antenne plus lointaine, le DAS s'exprime en volts par mètre (V/m).

Les organismes officiels relevant les DAS ne parviennent pas toujours exactement au même résultat, à cause des différents modes de calcul, même si globalement les écarts sont acceptables par rapport aux recommandations.

Trois types de DAS sont utilisés lorsque l'équipement touche ou frôle la peau : le DAS tête, le DAS tronc et le

DAS membre. Le premier concerne le smartphone posé sur l'oreille, le deuxième, sur le tronc, et le troisième, sur les membres. Les recommandations pour les pays européens correspondent à des valeurs inférieures à 2 watts par kilo pour le DAS tête comme pour le DAS tronc, et 4 watts par kilo pour le DAS membre, rapportées à 10 grammes de tissus pour une durée de six minutes. Les différences sont relativement faibles avec les autres pays, par exemple aux États-Unis, où l'on descend à 1,6 W/kg pour 1 gramme de tissu (toujours pour une durée de six minutes). Il est difficile de comparer le DAS américain au DAS européen, et il est dommage qu'il n'y ait pas d'harmonisation au niveau mondial. En regardant les DAS des smartphones, les classements ne sont pas exactement les mêmes des deux côtés de l'océan Atlantique. Le DAS américain semble un peu plus dur, au sens où les mesures s'approchent de la limite, tandis que l'on en est plus éloigné en Europe, mais il y a quelques cas où c'est l'inverse. La façon d'obtenir la valeur d'un DAS est parfaitement définie quel que soit le mode de calcul choisi, pour qu'il n'y ait pas d'incohérences sur un même continent. Si un smartphone ne satisfait pas au DAS maximal, il est interdit à la vente et, bonne nouvelle, ce sont les mêmes smartphones qui ont été interdits des deux côtés de l'océan.

Pour les émissions plus lointaines, les réglementations donnent des maxima entre 40 et 61 volts par mètre, tandis que les organismes de défense contre les signaux électromagnétiques souhaiteraient qu'ils ne dépassent pas 0,3 à 3 volts par mètre. De nombreux organismes plus ou moins officiels donnent leur avis sur la question de ces valeurs extrêmes. On peut noter la directive européenne de 2004, retranscrite dans le droit français en 2006, indiquant une valeur maximale de 3 volts par mètre. Cette directive dite de « compatibilité électromagnétique » a pour objectif de garantir le bon fonctionnement des appareils électroniques sensibles tels que les matériels d'assistance médicale du type pacemakers ou lecteurs de glycémie. Une résolution du Conseil de l'Europe de 2011 préconise pour sa part un seuil de prévention de 0,6 volt par mètre pour éviter tout problème d'exposition à très long terme. Les préconisations varient donc énormément. Pour mieux comprendre les enjeux, comparons avec les voitures : faut-il les interdire ou les équiper de limiteurs de vitesse à 30 kilomètres par heure pour éviter des millions de morts sur les routes ? Faut-il des véhicules relativement peu chers pour que tout le monde puisse en posséder un, ce qui multiplie le risque d'accidents, avec des millions de morts à la clé, ou bien faut-il produire des voitures onéreuses et résistantes, avec des limitations de vitesse, pour restreindre fortement le nombre de morts ? La réponse est très dépendante d'une vision sociétale. La société a choisi la prépondérance de la voiture bon marché et le risque de millions de morts dans le monde. Certainement un mauvais choix. Si l'on avait à décider de nouveau aujourd'hui, referait-on le même?

Chaque résolution ou presque sur le danger des rayonnements électromagnétiques insiste sur le principe de précaution. Les valeurs maximales choisies par les autorités sont très raisonnables en comparaison de celles des autres ondes, mais il est évident que l'on ne connaît pas tous les paramètres, surtout sur le très long terme, au-delà d'une cinquantaine d'années. Il est donc préférable de baisser la puissance par un facteur supplémentaire. Il faut absolument suivre les principes de précaution, qui sont simples à mettre en œuvre et peu contraignants. Ces recommandations permettent de passer rapidement à des valeurs de moins de 6 volts par mètre. Tenir son smartphone à 10 centimètres de son oreille change tout. La puissance reçue est cent fois moins forte. Les solutions sont nombreuses : utiliser des oreillettes, mettre son smartphone dans son sac plutôt que dans sa poche, éviter de le laisser en contact avec la peau. Malheureusement, ces solutions ne sont que rarement adoptées, et ce pour de nombreuses raisons. Par exemple, le danger potentiel à très long terme n'est pas ressenti par les utilisateurs, qui font confiance aux industriels pour ne pas les mettre en péril. Il est vrai que l'ensemble des smartphones respectent les limites officielles et que la probabilité est forte qu'il n'y ait jamais aucun problème détecté dans le futur si l'on continue à respecter les limites définies par les organismes chargés de les fixer.

Comme on l'a vu au chapitre 2, la dangerosité provient des smartphones et non des grandes antennes. Le principe de précaution s'applique essentiellement sur ce point. En ce qui concerne les grandes antennes, mieux vaut ne pas trop s'en approcher. Une zone d'exclusion effective est prise en charge par les opérateurs, qui positionnent leurs antennes dans des endroits inaccessibles ou suffisamment éloignés des utilisateurs. Il est également déconseillé de téléphoner dans des endroits entourés de métal (train, métro, voiture, etc.), ce qui pousse le smartphone à la puissance maximale pour traverser l'obstacle.

Les valeurs maximales

Pour définir les valeurs maximales, on peut partir d'une extrapolation des limites bien connues sur les fréquences sonores, lumineuses et les rayonnements ionisants. En prenant les valeurs déterminées de l'énergie de ces ondes pour les différentes fréquences et les valeurs du seuil de la douleur pour le son, de l'aveuglement par la lumière et de l'irradiation, on obtient les courbes représentées à la figure 3.2.

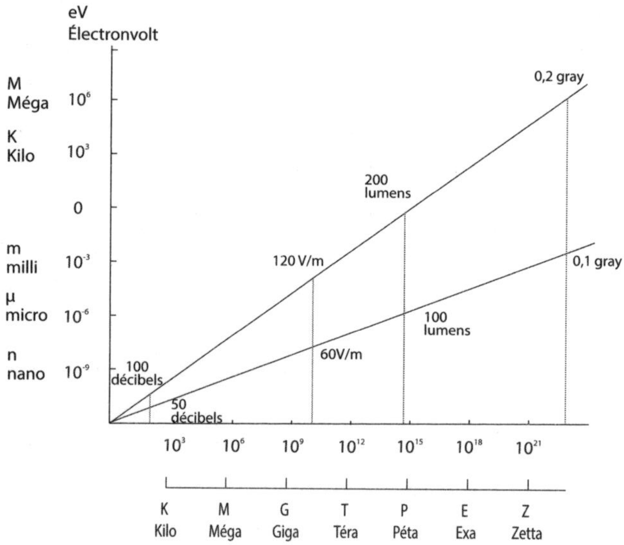

Figure 3.2 – Énergie et seuils connus

Ce schéma montre que l'équivalent du son qui devient désagréable pour l'oreille (100 décibels), de la lumière qui devient aveuglante (200 lumens) et de la dose d'irradiation maximale acceptable (0,2 gray) est une valeur de 120 volts par mètre pour les ondes radio utilisées par la 5G. Pour rester à des équivalents de bruits faibles (50 décibels), de lumière douce (100 lumens) et d'irradiation sans conséquence (0,1 gray), la courbe donne la valeur de 60 volts par mètre.

Ce n'est cependant qu'une équivalence de puissance entre différents types d'ondes, et il est difficile d'en tirer des conclusions définitives, si ce n'est pour donner des éléments techniques afin de choisir les bonnes valeurs limites. Seules de longues expérimentations et d'innombrables mesures sauront dire si la 5G ne représente effectivement aucun danger. Néanmoins, nous en sommes à bientôt quarante ans d'expérimentations et de mesures, et les résultats demeurent plus que rassurants.

Chaque pays fixe ses normes relatives à l'exposition aux champs électromagnétiques. Toutefois, dans la majorité des cas, ces normes nationales s'inspirent des recommandations émises par la Commission internationale de protection contre les rayonnements non ionisants (CIPRNI). Cette organisation non gouvernementale, qui est officiellement reconnue par l'Organisation mondiale de la santé (OMS), examine les données scientifiques émanant de tous les pays du monde. À partir de ces valeurs, elle établit des limites d'exposition recommandées. L'OMS reprend à sa charge ces seuils d'exposition, que nous avons répertoriés à la figure 3.3.

En France, l'Agence nationale des fréquences (ANFR) s'est vue confier deux tâches : doter l'État d'une capacité de surveillance de l'exposition du public, au moyen par exemple de campagnes de mesures ciblées, et permettre à chacun de solliciter gratuitement une mesure de son exposition. Le financement des mesures repose sur un fonds public alimenté par une taxe payée principalement par les opérateurs de télécommunications mobiles.

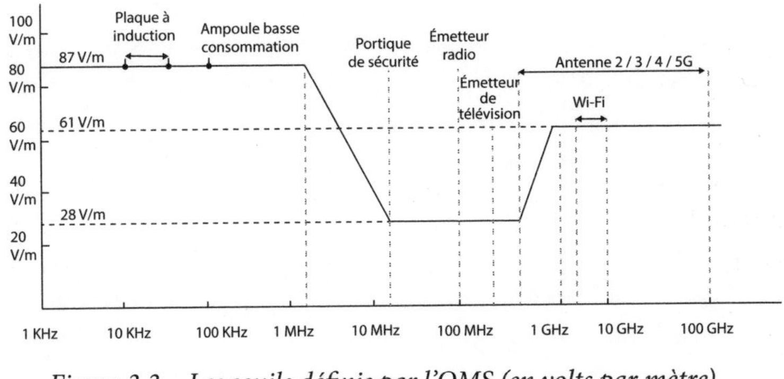

Figure 3.3 – Les seuils définis par l'OMS (en volts par mètre)

Il est admis que plus le DAS d'un équipement est faible, moins cet appareil est dangereux pour la santé. De nos jours, à quelques exceptions près, la majorité des smartphones ont un DAS inférieur à 1 watt par kilo sur 10 grammes de tissus, puisqu'il se situe le plus souvent autour de 0,7 à 1 watt par kilo. On trouve facilement sur Internet des listes de smartphones avec leur DAS. Si l'on se fie à la fiche du constructeur, en voici quelques exemples :

- Samsung S20 : 0,279 en Europe et 0,76 aux États-Unis ;
- Huawei P30 Pro : 0,64 en Europe et 0,79 aux États-Unis ;
- Xiaomi Redmi Note 10 Lite : 1,107 en Europe et 1,19 aux États-Unis ;
- Apple iPhone 11 : 0,95 en Europe et 1,09 aux États-Unis ;
- Google Pixel 3a : 0,69 en Europe et 1,18 aux États-Unis.

Cependant, il faut rester méfiant concernant les valeurs indiquées. Toutes les mesures ne sont pas forcément effectuées avec les mêmes appareils de test et dans les mêmes conditions. Elles définissent une valeur maximale, mais en réalité, selon les appareils, elles peuvent être très inférieures ou bien très proches de la valeur maximale, malgré un fonctionnement normal. De plus, l'absorption est différente pour chaque utilisateur en fonction de sa morphologie et des parties du corps testées.

Les signaux électromagnétiques des smartphones ne font que s'ajouter aux autres ondes provenant d'antennes plus lointaines. Mais l'émission de notre téléphone dans notre poche est souvent plus puissante que celle des ondes provenant des antennes situées nettement plus loin. Cette vérité est assez simple à comprendre : l'antenne de notre appareil est très proche de notre peau, tandis que la grande antenne est loin. La puissance décroissant très vite avec la distance, l'antenne du smartphone devient primordiale.

Ce qui compte dans la dangerosité, c'est le rayonnement qui arrive sur la peau de l'utilisateur, donc la puissance de réception. Il est également intéressant de connaître la puissance d'émission, qui s'exprime en watts, et d'effectuer des mesures pour déterminer la valeur du DAS à différentes distances pour évaluer où commence la dangerosité en fonction de la distance, de la fréquence et d'autres facteurs, comme la forme de l'antenne. En choisissant la valeur maximale de 61 volts par mètre, qui pour une antenne assez puissante est obtenue au bout de 5 mètres, quelques centaines de mètres plus loin, là où se trouve l'utilisateur, le DAS est inférieur à 1 volt par mètre. Le taux d'exposition aux ondes est donné par la valeur du DAS à l'endroit où se situe l'utilisateur. La dose correspondante se calcule en multipliant le DAS en watts par kilo par la durée de l'exposition.

Il faut noter que les valeurs de DAS instantanées sont très fluctuantes dans le temps, puisque l'antenne peut émettre à certains moments plus fortement qu'à d'autres. De plus, pour atteindre des utilisateurs éloignés, l'antenne doit émettre en augmentant sa puissance, et pour connecter les plus proches, elle peut émettre bien plus faiblement. Des signaux pulsés sont également utilisés dans la 5G, donnant une émission forte sur un laps de temps très court, puis une inactivité relativement longue par rapport au temps pendant lequel le signal a été émis. C'est pour cela que le DAS est calculé sur une période de six minutes en se mettant dans les conditions les plus défavorables.

De très nombreuses études ont été effectuées aussi bien par des organismes officiels que par des opérateurs et des entreprises privées. Le sujet est effectivement brûlant, et tous veulent connaître exactement les conséquences des émissions, pour fixer les limites officielles au niveau adéquat. Les études sur les effets du rayonnement n'ont jusqu'à présent pas permis de déterminer si les absorptions ne dépassant pas les valeurs maximales des autorités compétentes, définies depuis une vingtaine d'années, sont susceptibles d'avoir une incidence sur la santé à long terme. Le résultat le plus positif est qu'aucune de ces études n'a relevé de problème quand ces limites officielles étaient scrupuleusement respectées.

Toutes les expérimentations possibles n'ont cependant pas pu être réalisées, tout simplement parce qu'il y a trop de paramètres, qui varient fortement et empêchent de tout tester. On ne peut pas non plus définir de valeurs définitives ayant une incidence sur la santé en cas de longue exposition ou d'expositions importantes et répétées pendant des années, voire des dizaines d'années. Autre difficulté, l'ensemble des fréquences reçues par un individu augmente avec l'ouverture de nouvelles fréquences. Peut-être que certaines formes de signaux, notamment les signaux pulsés, ont des effets biologiques importants que l'on ne soupçonne pas encore. Un autre point faible des mesures concerne la dose de rayonnement absorbée sans interruption sur une longue période, comme un mois. Une évaluation relativement correcte pourrait être faite si une personne était en communication sans arrêt, avec un flux continu, mais ce n'est jamais le cas. Les flux sont très variables dans le temps, sauf exception telle que le transport d'un énorme fichier qui pourrait durer tout un mois. Le flux continu pourrait permettre de définir une borne supérieure à utiliser pour établir une dose sur une longue période. Ce type de mesure est impossible à effectuer, et il faut déduire des expérimentations déjà réalisées un résultat approximatif. Grâce aux techniques mathématiques, on obtient des résultats approximatifs avec une marge d'erreur de 20 à 30 % maximum. Par conséquent, pour limiter les risques au minimum, je recommande de se fier aux doses avec les valeurs les plus défavorables.

Que donnent les mesures ?

Il ne faut pas oublier que les rayonnements proviennent de différentes sources. Comme notre smartphone est l'élément qui très généralement émet les ondes les plus puissantes, il faut l'éteindre complètement pour pouvoir mesurer les autres sources. Une étude dans ce sens effectuée en 2016 en Suisse, à Zurich, donne un résultat de 38 % de rayonnement provenant des antennes des opérateurs de télécommunications, 35 % des smartphones des utilisateurs alentour, 18 % des autres sources du spectre radio, 5 % des réseaux Wi-Fi, et 4 % des téléphones sans fil. Le DAS moyen était de 0,18 volt par mètre. La valeur varie autour de cette moyenne en fonction du lieu de mesure. Dans le wagon métallique d'un train, qui est une cage de Faraday que les ondes électromagnétiques ont beaucoup de mal à traverser, les émissions mesurées pour atteindre une antenne extérieure sont les plus fortes de l'étude et font monter la moyenne à 0,55 volt par mètre. Si de nombreuses personnes téléphonent ou transmettent des données, la somme des puissances reçues de tous ces mobiles peut devenir importante et approcher les valeurs limites réglementaires – mais ce cas de figure n'a pas été testé dans l'étude considérée. À domicile, la valeur moyenne de 0,11 volt par mètre est obtenue par une utilisation du Wi-Fi, qui devient l'élément principal tout en restant très faible en puissance.

La figure 3.4 récapitule différentes sources de rayonnements électromagnétiques.

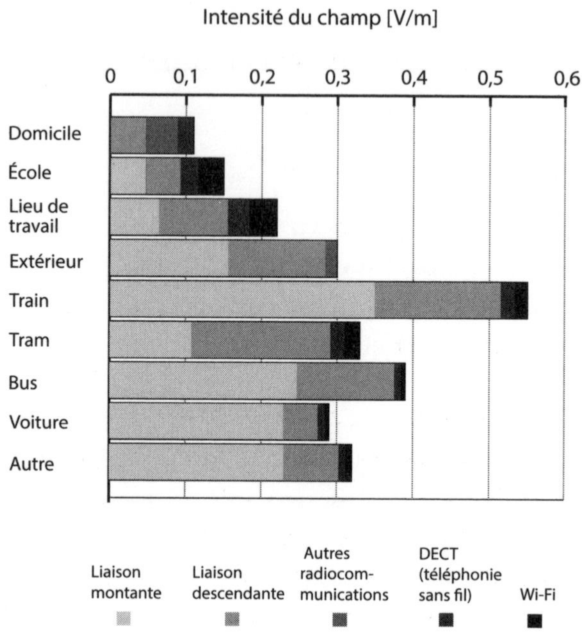

Figure 3.4 – Les différentes sources de rayonnements électromagnétiques

L'étude suisse mentionnée à la page précédente s'est intéressée à de nombreux points particuliers, comme le pourcentage de rayonnement le plus important. Ces valeurs sont indiquées à la figure 3.5. Le plus haut DAS est de 2,23 volts par mètre dans le train.

Emplacement	RNI total	Radio-communications	Liaison descendante	Liaison montante	DECT	Réseau sans fil
à la maison	0,22	0,14	0,11	0,07	0,05	0,12
à l'école	1,29	0,21	0,58	1,12	0,02	0,13
sur le lieu de travail	0,49	0,10	0,29	0,28	0,28	0,09
à l'extérieur	1,08	0,29	0,78	0,72	0,03	0,11
dans le bus	1,71	0,43	0,95	1,47	0,11	0,13

Emplacement	RNI total	Radio-communications	Liaison descendante	Liaison montante	DECT	Réseau sans fil
dans le train	2,23	0,14	1,23	1,98	0,03	0,15
dans le tram	1,19	0,20	0,85	0,89	0,04	0,07
en voiture	1,29	0,21	0,58	1,12	0,02	0,13
autre	1,15	0,12	0,62	0,90	0,05	0,12

Figure 3.5 – Pourcentage le plus important de rayonnement électromagnétique (en volts par mètre)

Lorsqu'une personne se met en communication, le pourcentage de rayonnements le plus important atteint 5 volts par mètre presque partout, puisque le rayonnement du smartphone de l'utilisateur supplante tous les autres.

De nombreuses études dans le monde montrent une valeur moyenne du DAS de 0,2 volt par mètre. Le problème est évidemment de savoir si la 5G fera augmenter énormément ces valeurs, et jusqu'où.

Une première estimation peut être donnée en regardant les études effectuées entre 2000 et 2019, donnant le DAS dans des conditions proches de celles de la 5G. Les résultats sont analogues à ceux de l'étude effectuée à Zurich. La raison invoquée par les auteurs de ces travaux pour interpréter une augmentation très faible des rayonnements sur une période de vingt ans est la diminution de la puissance des antennes et des smartphones. La 1G émettait avec du 8 watts, la 2G avec du 2 watts, la 3G et la 4G variant entre quelques centaines de milliwatts et 2 watts. Les spécifications de la 5G n'introduisent pas de nouveaux mécanismes pour faire baisser cette puissance par rapport à la 4G. La 5G risque plutôt d'ajouter des ondes supplémentaires aux signaux déjà en place, puisque les antennes des générations précédentes sont conservées, nos smartphones choisissant la meilleure antenne possible, au moins pour encore quelques années, avant que l'on puisse abandonner les vieilles générations. Un autre point à examiner est la puissance des émetteurs, qui pourrait augmenter assez nettement si l'on ne multiplie pas fortement le nombre d'antennes.

Nous en revenons toujours au principe que plus il y a d'antennes et plus leur puissance peut être faible. Les contrats passés avec l'organisme de régulation, l'ARCEP (Autorité de régulation des communications électroniques et des postes), demandent à couvrir rapidement un pourcentage important du territoire français pour éviter les fractures entre les villes ou les régions. Cette demande, si elle favorise la réduction de la fracture numérique entre territoires, est néfaste s'agissant des ondes, puisqu'elle pousse les opérateurs à augmenter la puissance de leurs antennes pour avoir de grandes cellules et couvrir le plus de surface en un minimum de temps.

En conclusion, il faut bien mentionner l'incertitude qui pèse sur les limites de dangerosité des rayonnements électromagnétiques pour la santé. Nous n'avons encore que peu de recul, quoique les études sur les trente dernières années n'aient pas révélé de problème pour le grand public, si l'on respecte les valeurs maximales définies par les autorités. Les mesures dévoilent très rarement des valeurs maximales au-dessus des limites autorisées, voire jamais dans presque tous les pays. Il faut bien sûr tenir compte du fait que certaines zones sont prohibées : celles situées en face de l'antenne, sur quelques mètres. Il y a consensus sur leur dangerosité et sur l'obligation d'éteindre les antennes avant d'y accéder. Une antenne sur le toit d'un immeuble n'est pas dangereuse pour les appartements situés en dessous, qui ne sont nullement dans les zones d'exclusion se trouvant dans la direction de l'antenne. Toutes les mesures montrent un DAS très loin des seuils maximaux autorisés dans ce cas. En revanche, il ne faudrait pas habiter dans une pièce située face à une antenne, à moins de 1 à 10 mètres, selon la puissance de l'antenne. Ce cas de figure n'existe pas en Europe, les opérateurs faisant très attention à ces limites : ils ont une très bonne connaissance des zones d'exclusion des antennes, et effectuent de nombreuses mesures pour vérifier les valeurs de DAS.

Si les valeurs relevées dans toutes les études sont très inférieures aux limites réglementaires, il n'empêche que le problème est d'examiner si la 5G ne fait pas basculer le DAS vers des valeurs plus hautes en s'approchant davantage des valeurs maximales, ou même en franchissant les seuils déterminés dans les années 1990. Les limites fixées par les autorités sont forcément un peu aléatoires. Il faut tenir compte du fait qu'une marge de sécurité assez importante a déjà été ajoutée. Mais une marge de sécurité supplémentaire réduirait encore plus les risques sur le très long terme. Les nouvelles valeurs limites pourraient être un peu plus basses encore que celles définies aujourd'hui.

La 5G est-elle dangereuse ?

Qu'est-ce qui différencie la 5G des générations précédentes ? On peut citer de nombreux éléments, parmi lesquels la façon de transmettre le signal, la fréquence utilisée, la directivité du signal, le nombre d'antennes et la nouvelle génération de smartphones. À tout cela s'ajoute le fait que la 5G ne supprime pas, au moins dans l'immédiat, les émissions provenant des générations précédentes, des points d'accès Wi-Fi qui eux-mêmes se transforment, des objets de plus en plus nombreux, et plus globalement des rayonnements d'autres systèmes.

La transmission des signaux

Les technologies de transmission du signal utilisées par la 5G ne sont que des évolutions par rapport à la 4G. Il n'y a pas de différence fondamentale. En revanche, la fréquence a clairement une influence sur le signal. Globalement, plus la fréquence est haute et plus le signal est freiné par l'air, qui contient de l'oxygène et de l'eau. Pour les longueurs d'onde de plus de 10 mètres correspondant à 30 mégahertz, le signal se faufile, traverse les murs, passe à côté des obstacles, et donc se propage facilement. Pour les ondes millimétriques dont la longueur d'onde est inférieure à 1 millimètre, correspondant à 30 gigahertz, au contraire, le signal se propage très mal, il ne traverse pas du tout les murs et les obstacles, et par conséquent une importante énergie est nécessaire pour obtenir une portée assez grande.

La puissance reçue est inversement proportionnelle à la distance au carré, ce qui veut dire que si le client est à 10 mètres au départ et qu'il s'éloigne à 100 mètres, donc dix fois plus loin, la puissance reçue sera divisée par cent, comme le montre la figure 3.6.

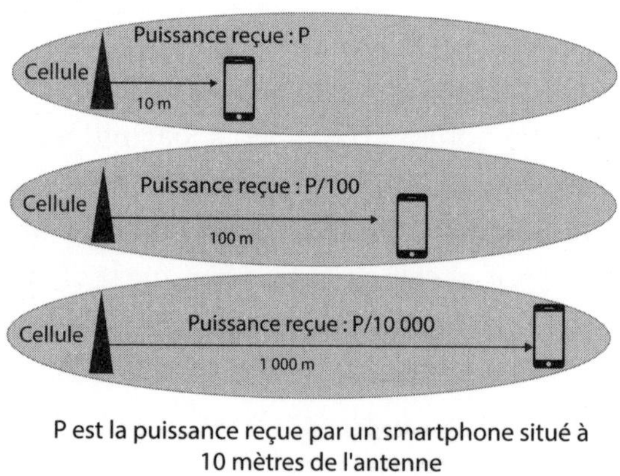

Figure 3.6 – Calcul de la puissance reçue en fonction de l'éloignement

Plus la fréquence augmente, plus la portée est limitée. Si on suppose une portée de 1 000 mètres pour une antenne 4G sur la fréquence 800 mégahertz, avec la même puissance, une antenne 5G sur la fréquences 3,6 gigahertz portera à 470 mètres. Il faudra approximativement quatre fois plus d'antennes 5G que 4G. En revanche, si on choisit la fréquence la plus haute de la 4G, de 2,6 gigahertz, au lieu de la fréquence 4G de 800 mégahertz, la portée sera alors de 850 mètres. Il faut dans ce cas un peu plus d'antenne 5G, mais guère plus.

La directivité du signal

Les antennes modernes sont directives : le signal se propage essentiellement dans une direction précise au lieu d'émettre à 360 degrés. Dans ce cas, les signaux sont dirigés à l'intérieur d'un cône de plus en plus fin pour devenir une droite dans le cas extrême.

Cette technique s'appelle en terme savant le « filtrage spatial » (*beamforming* en anglais). La dangerosité des ondes électromagnétiques directives est une question très discutée, puisqu'on focalise le signal sur un lobe de petite taille – un lobe étant la zone où le rayonnement d'une antenne est le plus important. La figure 3.7 indique la directivité de quelques antennes.

À première vue, la directivité semble représenter un danger plus important qu'un signal émis par une antenne. En fait, c'est tout le contraire ! Plus l'antenne est directive et moins il y a de danger, parce que pour une portée équivalente l'antenne directive demandera moins de puissance.

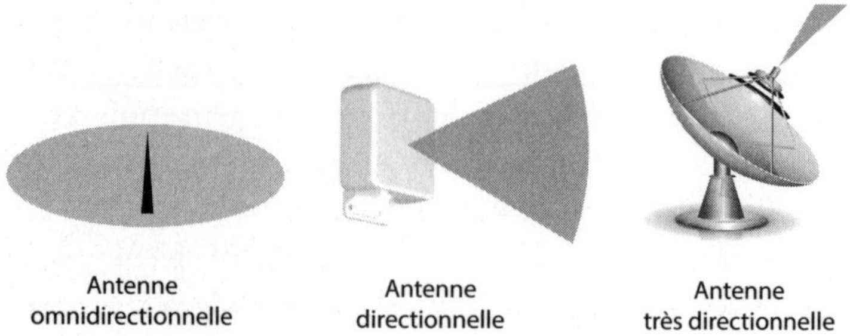

Figure 3.7 – La directivité des antennes

La 5G étend fortement ce principe de directivité pour permettre à la fois la réduction de la puissance d'émission et une multiple réutilisation des fréquences : en utilisant astucieusement trois fréquences, il n'y a pas d'interférence entre les lobes. La figure 3.8 montre une antenne physique 5G portant 64 éléments ou antennes élémentaires (les petits ronds gris foncé). Dans quelques années, une antenne physique 5G portera 1 024 éléments. Pour cela, il suffit d'en placer 32 par rangée, sur 32 rangées.

Figure 3.8 – Une antenne physique 5G portant 64 antennes

Cette technique de directivité a beaucoup d'avantages. Le premier, et certainement le plus important ici, est une baisse de puissance en émission pour des performances égales en réception. Avec une antenne omnidirectionnelle, il y a beaucoup d'échos du signal, sur de nombreux obstacles. Des échos arrivent au récepteur avec du retard, et ils sont perçus comme des interférences avec le signal principal allant directement de l'émetteur au récepteur.

Dépasser un certain nombre d'éléments sur la même antenne physique paraissait difficile, voire impossible, mais aujourd'hui cette augmentation du nombre d'antennes est tout à fait réalisable. Et il est presque certain que le nombre d'antennes sera encore plus important pour la 6G. Celle-ci possédera une antenne par utilisateur, ce qui permettra une ultradirectivité pour une puissance de réception le plus faible possible. Il ne sera pas nécessaire que l'antenne porte à 100 ou 500 mètres, plus loin que l'emplacement du client, puisqu'il est le seul à recevoir le signal. Tout le monde sera gagnant avec ce nouveau système : le grand public avec un danger sanitaire moindre, et les opérateurs avec une efficacité bien meilleure. Il faut donc absolument aller vers les antennes directives.

La forme du signal

Le signal émis pour certaines applications prend la forme d'ondes pulsées, dont la définition technique la plus standard spécifie une variation brutale de la forme de l'onde. Pourtant l'Agence nationale de sécurité sanitaire (ANSES) ne reconnaît pas le caractère pulsé des ondes téléphoniques. Les études montrent que ces ondes ont une certaine similitude avec les courants électriques circulant dans le cerveau, mais si la puissance de réception est faible, il y a peu de risques que le signal puisse influencer l'environnement humain. Dans l'état des mesures et des connaissances actuelles, les niveaux définis par les autorités ne posent pas de problème. Des études complémentaires seraient néanmoins appréciables, afin de déterminer si les limites légales ne devraient pas être encore légèrement plus basses.

Un exemple de ce qu'il faut faire avec la 5G

Nombreux sont les articles qui comparent la puissance de la 4G et celle de la 5G, et montrent une forte augmentation de la puissance chez la dernière génération, ce qui pourrait entraîner sa nocivité. Cette conclusion se révélera exacte si, pour la 5G, l'on conserve le même nombre d'antennes, aux mêmes emplacements et avec la même portée que pour la 4G. Les fréquences utilisées pour la 5G seront plus élevées – autour de 3,6 gigahertz –, accompagnées bientôt par des fréquences d'environ 26 gigahertz, alors que les fréquences 4G sont toutes dans des bandes plus basses. Pour avoir la même puissance de réception qu'à 500 mètres pour une connexion 4G en 800 mégahertz, il faut se situer à 236 mètres en 5G. Pour réaliser la même couverture qu'une seule antenne 4G, il faudrait implanter approximativement 4 antennes 5G et, pour desservir toutes les antennes par des fibres optiques, déployer tous ces câbles, et faire creuser des tranchées par le génie civil ; le coût exploserait rapidement. Cette solution n'est pas vraiment tenable pour les opérateurs, qui ne pourront amortir le coût total qu'en augmentant fortement celui des abonnements, ce dont les utilisateurs ne veulent pas entendre parler.

Une seconde solution pour les opérateurs est d'augmenter la puissance des émetteurs par un facteur quatre pour porter aussi loin que la 4G, toujours avec les fréquences indiquées ci-dessus. Dans ce cas, les seuils fixés par les autorités compétentes seront approchés, tout en restant en général en dessous des limites. Les zones d'exclusion devront être notablement agrandies. Les opérateurs de télécommunications proposent un compromis : augmenter un peu la puissance et mettre plus d'antennes. Cette solution est acceptable si l'augmentation de puissance reste nettement en dessous des valeurs limites autorisées, mais un surcoût est inévitable, à prendre en charge soit par les opérateurs, soit par les clients, soit par les uns et les autres.

Dans cet exemple, la fréquence 5G choisie pour effectuer les calculs correspond aux fréquences en cours d'attribution aux opérateurs durant l'année 2020. Elles sont autour de 3,6 gigahertz. Les fréquences qui seront disponibles dans le courant de l'année 2021 se situeront entre 23 et 29 gigahertz, ce qui raccourcit encore plus fortement la portée des antennes. Toujours pour des antennes 4G dans la bande des 800 mégahertz portant à 500 mètres, pour la même puissance, la 5G dans la bande des 26 gigahertz portera à 87 mètres. En utilisant une forte directivité, on atteindra 200 mètres, toujours pour la même puissance d'émission et de réception. Cette solution multiplierait encore le nombre d'antennes par deux et demi, avec plus de dix antennes 5G à la place d'une seule antenne 4G, mais un débit global multiplié par dix.

La solution qui est envisagée par les normalisateurs de la 5G est d'éviter de faire des travaux de génie civil, qui coûtent extrêmement cher, en reliant directement les antennes entre elles pour aller jusqu'à une antenne principale en un ou plusieurs sauts. Cette antenne principale sera connectée par une fibre optique permettant d'évacuer vers le réseau cœur les flots de toutes les antennes connectées. Ce schéma est illustré à la figure 3.9. Cette solution introduit de nouveaux signaux, mais, directifs et en hauteur, ils présenteront peu de danger. Ils devront bien sûr respecter les DAS maximaux.

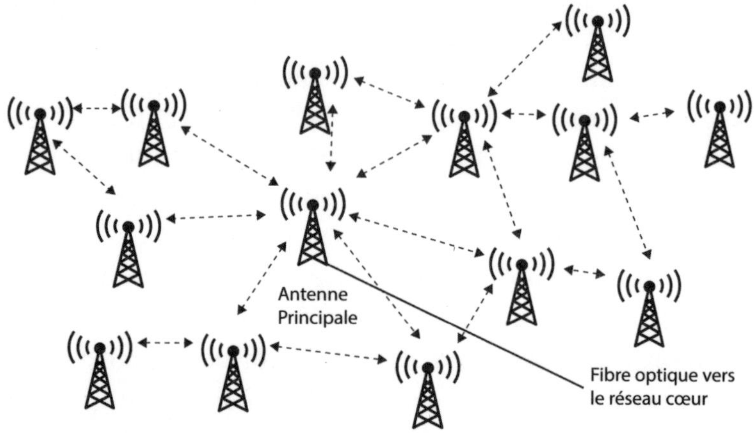

Figure 3.9 – La connexion directe des antennes 5G

D'autres problèmes doivent également être étudiés, comme la superposition des ondes provenant des différentes générations de réseaux de mobiles, auxquelles s'ajoutent le Wi-Fi et parfois d'autres émissions, en général négligeables. Le Wi-Fi, limité en Europe à 100 milliwatts en omnidirectionnel, implique une puissance reçue très faible après quelques centimètres de propagation du signal. Il faut être collé à l'antenne pour avoir un DAS non négligeable. L'antenne Wi-Fi a une puissance inférieure à celle des smartphones. Il est donc moins dangereux de coller son oreille sur une antenne Wi-Fi que sur son smartphone. S'approcher d'une ampoule basse consommation ou d'un téléviseur est même plus dangereux que le Wi-Fi !

Le Wi-Fi est perçu par les utilisateurs comme un système de diffusion, émettant dans toutes les directions des ondes électromagnétiques pour atteindre simultanément tous les utilisateurs situés autour de l'antenne. Ce fonctionnement correspond effectivement aux premières générations du Wi-Fi. Dans la dernière version, on dénombre l'équivalent de huit antennes. Les mêmes effets que pour la 5G se font sentir : plus le signal est directif et moins la puissance nécessite d'être forte pour atteindre un utilisateur. Les antennes Wi-Fi seront, comme les antennes 5G, de moins en moins puissantes, à moins que les constructeurs gardent la puissance maximale de 100 milliwatts et permettent ainsi une couverture plus large. Plutôt que d'agrandir la cellule de réception, il serait plus judicieux, comme pour la 5G, de garder la même couverture qu'aujourd'hui avec une puissance diminuée.

Il faudra examiner les futurs standards du Wi-Fi, dont les premiers produits arriveront sur le marché en 2022. Les toutes premières mesures provenant de prototypes montrent des puissances plus faibles que celles des anciennes générations, grâce à la directivité que permettent les nombreuses antennes introduites dans les boîtiers. La très faible puissance est la conséquence d'une portée des signaux limitée à quelques mètres, la distance étant le paramètre le plus influent sur la puissance reçue.

On peut conclure de tous les éléments indiqués sur le Wi-Fi que cette technique ne pose aucun problème pour la santé.

Une autre façon d'utiliser le Wi-Fi, et qui a cours depuis des années, est de retirer l'antenne omnidirectionnelle pour la remplacer par une antenne très directive, du type parabole. Ainsi, le point d'accès ne diffuse plus que sur un angle réduit de quelques degrés. Si on conserve la même puissance maximale de 100 milliwatts, la portée devient très grande – une dizaine de kilomètres –, et les signaux à la sortie de l'antenne deviennent dangereux. De ce fait, la loi européenne exige que la puissance d'émission diminue avec la directivité, pour une portée qui reste excellente. Au lieu de 100 milliwatts avec une antenne omnidirectionnelle, et une portée de 20 mètres, on obtient pour une valeur de 5 milliwatts une portée de 2 000 mètres avec une antenne parabolique. Une fois de plus on en arrive à la même conclusion : plus l'antenne est directive et plus on peut diminuer la puissance. La contrepartie est bien sûr la cellule recouverte, qui est de plus en plus petite, et donc la nécessité d'avoir de nombreuses antennes sur le même point d'accès, ce qui est le cas des nouvelles générations de points d'accès Wi-Fi.

Y a-t-il des systèmes radio plus dangereux que la 5G ?

Parmi les systèmes utilisant les radiocommunications, on peut citer la radio, la télévision, les radars, le Bluetooth et les objets connectés, entre autres.

La figure 3.10 indique les principales puissances d'émission des systèmes radio. Les émetteurs radio AM peuvent aller jusqu'à 1 million de watts pour couvrir une grande superficie, avec des fréquences très basses – de l'ordre de 1 mégahertz. Cette puissance énorme permet d'atteindre 1 000 kilomètres, voire nettement plus grâce à des échos dans l'atmosphère. Les radios FM travaillant autour de 100 mégahertz autorisent un peu plus de débit, pour offrir une restitution des voix de bonne qualité. Pour couvrir un département, il faut entre 10 et 20 kilowatts. Il est effectivement dangereux de se trouver trop près de ce type d'émetteur. De même, les antennes de télévision peuvent atteindre 700 kilowatts, pour couvrir une surface de plus de

100 kilomètres de rayon. Les zones d'exclusion sont alors grandes, et des barrières métalliques sont nécessaires pour protéger les personnes qui s'approchent trop près.

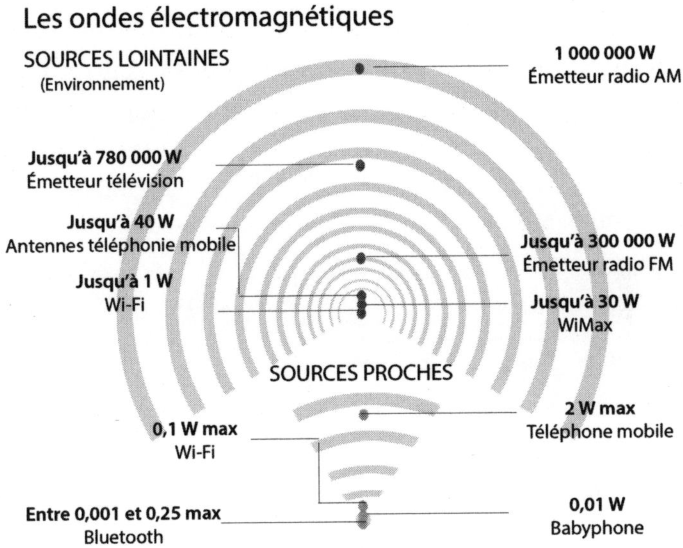

Figure 3.10 – Puissances d'émission de sources proches et lointaines (données : OMS)

Le Wi-Fi peut aller dans certains pays jusqu'à 1 watt sur la fréquence de 5 gigahertz. Et pratiquement tous les pays ont accepté de nouvelles fréquences plus hautes le concernant. Il faudra surveiller cette ouverture, puisque les fréquences augmentent et que les puissances pourraient suivre le même chemin pour des zones plus importantes. Cependant, comme le nombre d'antennes dans un point d'accès augmente et que la directivité s'accroît, la puissance des points d'accès Wi-Fi devrait rester au même niveau qu'aujourd'hui.

La figure 3.11 représente les DAS de différents équipements produisant des ondes électromagnétiques. Ils montrent qu'un téléviseur est plus dangereux qu'un smartphone si on le regarde de trop près. De même, une ampoule basse tension doit rester assez loin de la tête d'un individu. Par conséquent, le grand public a tendance à sous-estimer la dangerosité d'objets devenus courants, comme la télévision, tout en surestimant les risques liés aux antennes pour la 4G et la 5G.

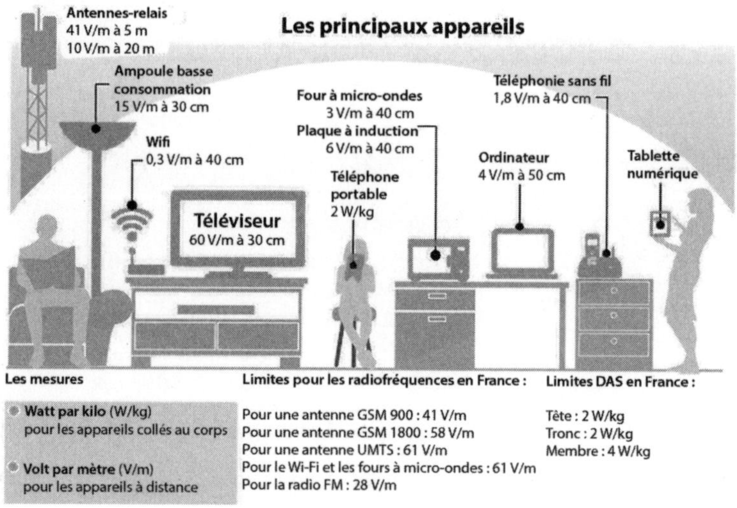

Figure 3.11 – Quelques DAS d'équipements radio

Les évolutions de la 5G seront-elles source de dangers supplémentaires ?

Les évolutions de la 5G sont étudiées de près et décrites dans de nombreux articles scientifiques. Les idées sont là, et les spécifications vont suivre, pour être publiées en 2022. Les fréquences vont monter jusqu'à 120 gigahertz, d'où une très forte atténuation dans l'air et des cellules de taille beaucoup plus petite. Si l'on veut recevoir les mêmes puissances qu'aujourd'hui dans les fréquences de la 3G ou la 4G, il faudra plus d'antennes pour couvrir les mêmes zones. Mais ces ondes à des fréquences très élevées seront probablement réservées à des communications entre antennes en vue directe.

Les extensions de la 5G concernent également les applications, en particulier lorsque l'antenne est elle-même mobile. C'est le cas par exemple dans un train ou une voiture. Ces véhicules étant des cages de Faraday, c'est-à-dire ne laissant que très peu passer les ondes électromagnétiques, il faut une antenne extérieure pour se connecter sur une antenne 5G. Utiliser son smartphone depuis un train ou tout autre véhicule fermé implique une très forte puissance d'émission pour traverser la carrosserie métallique. Il est donc déconseillé de plaquer son téléphone contre son oreille, puisque le DAS maximal peut être atteint. Il faut utiliser une oreillette ou un système qui permette de tenir le smartphone à plus de 10 centimètres de son visage, ce qui fait baisser très fortement le DAS. La solution qui sera spécifiée dans le cadre de la 5G est bien différente. L'antenne devra se trouver à l'extérieur du véhicule, et le smartphone être connecté sur une petite antenne à l'intérieur, communiquant avec l'autre par une liaison câblée externe. Une solution qui favorisera à la fois l'utilisateur et une meilleure qualité des communications : le signal du smartphone aura besoin d'une toute petite puissance pour aller jusqu'à l'antenne interne, et il n'aura surtout pas à traverser la carrosserie du véhicule. La puissance de l'antenne externe ne sera que peu ressentie par l'utilisateur, protégé par le métal de la carrosserie.

Doit également avoir lieu prochainement la finalisation des spécifications pour la communication entre véhicules intelligents en 5G. Les premières spécifications apparues dans le cadre de la 4G Pro doivent être complétées par de nouveaux textes, parus en juin 2020 pour certains, et à paraître en mars 2022 pour les autres. Deux cas de figure peuvent se présenter : si deux véhicules sont connectés en même temps sur une antenne 5G, on l'utilise pour aller de l'un à l'autre ; si les deux véhicules ne sont pas dans une zone de couverture – en l'absence de connexion à une antenne –, une communication directe s'établira entre les antennes externes de chaque véhicule. Globalement, les puissances reçues par les utilisateurs baisseront fortement grâce à ces antennes externes.

Il ne faut pas avoir peur de la 5G sur le plan sanitaire

Nous avons déjà comparé les ondes électromagnétiques à un feu de cheminée. Cette comparaison vaut pour tous les points mentionnés. Le flux thermique décroît, comme les ondes, avec la distance au carré : à 2 mètres, la chaleur est quatre fois plus faible qu'à 1 mètre. De façon similaire, si l'on touche l'antenne, la brûlure sera rapide si la puissance est forte. En restant à distance respectable, on profite des ondes électromagnétiques sans aucun risque.

Les limites de brûlure des ondes ne sont cependant pas aussi simples à déterminer que pour un feu de bois, près duquel la chaleur est immédiatement ressentie. Les ondes peuvent être vues potentiellement comme plus dangereuses car il y a une absence de sensation immédiate. On retire immédiatement la main trop près d'un feu, alors qu'il faut attendre des années pour détecter un problème dû aux rayonnements. Là réside la difficulté à déterminer les bonnes limites à fixer concernant les ondes électromagnétiques.

Comme on l'a vu tout au long de ce chapitre, si l'on reste suffisamment loin des antennes – une dizaine de mètres d'une grande antenne, quelques centimètres d'une antenne Wi-Fi –, le risque diminuant exponentiellement, la dangerosité de la 5G devient très faible. De plus, le principe de précaution implique un éloignement supplémentaire. Lorsqu'on double la distance à l'antenne, la puissance diminue d'un facteur quatre. Si au lieu de se placer à 10 centimètres d'un point d'accès Wi-Fi on passe à 20 centimètres, la puissance est alors quatre fois moins forte, et à 1 mètre, elle est mille fois moins forte.

Si le principe de précaution revient à descendre d'un facteur dix les puissances reçues, il faut à peu près tripler les distances de sécurité classiques, s'éloigner de 30 centimètres de son point d'accès Wi-Fi ou de sa femtocell 5G, ne pas s'approcher à moins de 30 mètres d'un émetteur 4G, et à une quinzaine de mètres d'un émetteur 5G.

Comment traduire ces valeurs ? Il suffit de ne pas installer son point d'accès Wi-Fi dans sa chambre à coucher, de ne pas habiter dans une maison qui se trouve en face d'une antenne 4G, ni à moins de 30 mètres, voire 15 mètres d'une antenne 5G de puissance équivalente à celle d'une antenne 4G, et enfin de veiller à laisser un espace de quelques centimètres entre son smartphone et son oreille, en utilisant le haut-parleur ou une oreillette.

4

La 5G et l'écologie

La 5G est dite « antiécologique » dans de nombreux articles parus dans la presse, notamment à cause des dépenses énergétiques qu'elle entraîne. Mais ce n'est pas si simple ! Ce qui est sûr, c'est que la dépense énergétique ne concerne pas les domaines désignés dans ces articles. Les antennes 5G seront beaucoup moins énergivores que celles de la génération précédente. En revanche, ce ne sera pas le cas des centres de données. D'autres problèmes liés à l'environnement surgiront également avec l'arrivée de nouvelles antennes, de nouveaux centres de données et d'une nuée de satellites. Enfin, il faut évoquer tous les déchets liés aux réseaux de mobiles, qui se comptent par milliards de smartphones et autres objets connectés.

La dépense énergétique de la 5G

La dépense énergétique du monde des réseaux et de l'informatique croît très vite pour de nombreuses raisons, mais principalement à cause de l'augmentation du trafic de données, et par conséquent des équipements nécessaires pour les stocker et les traiter. Le débit double presque tous les ans, ce qui implique, entre 2015 et 2025, une multiplication par un facteur 1 000 du trafic. Si des améliorations technologiques ne viennent pas changer la donne, l'énergie nécessaire restera proportionnelle au trafic. Heureusement, des progrès ont bien lieu année après année, même si la consommation continue d'augmenter. Et aujourd'hui les estimations donnent une multiplication par 10 de la consommation électrique en dix ans, au lieu de 1 000 si aucun progrès n'avait été réalisé.

La chaîne des dépenses énergétiques commence par le terminal, qui demande quelques dizaines de watts. Ensuite, les données arrivent à l'antenne, pour être transmises vers le réseau cœur et transportées chez le destinataire. La consommation des antennes 5G est plutôt bien étudiée, et les spécifications tiennent compte du besoin de minimiser la demande en énergie. C'est la première fois que les normalisateurs des réseaux de mobiles s'intéressent à cette question et proposent des solutions. Une antenne 5G dépense ainsi moins d'énergie qu'une antenne 4G grâce à de nombreux progrès sur l'optimisation de la consommation électrique, mais aussi à une attention de tous les instants pour que celle-ci soit vraiment minimale. Les deux points négatifs demeurent bien sûr l'augmentation du nombre d'antennes et l'accroissement du trafic.

La partie la plus consommatrice d'énergie est le réseau d'accès qui relie l'antenne physique au réseau cœur. C'est là où une augmentation se pose avec le plus d'acuité. Principalement à cause du changement de paradigme : en 4G la consommation provient principalement du traitement du signal réalisé dans un boîtier électronique situé sur l'antenne, tandis qu'en 5G toute la consommation est reportée sur le centre de données, où s'exécutent non seulement les applications liées à l'antenne, mais aussi toutes celles des clients. Enfin, le réseau cœur, qui relie les centres de données entre eux, nécessite des sources d'énergie moins importantes que le réseau d'accès.

Les machines terminales

Les machines terminales, ce sont les smartphones, tablettes, etc., ainsi que les objets connectés par milliards, des capteurs de température aux montres en passant par des miroirs, des fourchettes ou des balances. On invente sans arrêt de nouvelles « choses » à connecter, que l'on regroupe dans l'Internet des objets, l'IoT, et dont la consommation globale atteint des valeurs particulièrement importantes, car il y a autant de machines que d'utilisateurs ! Chacun a son propre équipement, qui parfois reste allumé toute la journée, voire toute la nuit, pour une utilisation quotidienne de quelques heures seulement. De plus, le nombre d'objets connectés par personne augmente vite : il est passé de un à cinq aujourd'hui, et sera de dix ou vingt en 2025.

Des solutions sont déjà exploitées pour faire baisser la consommation, telles que l'utilisation d'un mode d'économie d'énergie qui permet au processeur de ralentir lorsqu'il y a peu de travail à effectuer sur la machine terminale. Mais cela est tout à fait insuffisant. Les deux grandes solutions qui montent rapidement consistent à généraliser des processeurs qui consomment de moins en moins grâce à leur architecture à base de composants très économes d'une part, et à la mise en veille des terminaux sans travail à effectuer d'autre part. Cette dernière solution est à assimiler au *start & stop* des voitures : au feu rouge, le moteur s'arrête, et dès que le conducteur appuie sur l'accélérateur, le moteur se remet en route.

La dépense en mode veille étant de quelques pourcents de l'alimentation standard, cela représentera une réelle source d'économie pour les antennes, qui actuellement restent allumées toute la nuit même si aucun utilisateur n'est connecté. Elles se mettront en veille dans de futures améliorations de la 5G. Cette solution semble simple et on pourrait se demander pourquoi elle n'a pas encore été mise en œuvre. La réponse est assez intuitive : l'antenne ne sait pas, lorsqu'elle est en veille, quand se rallumer, faute d'être munie d' un capteur capable de détecter les signaux électromagnétiques ; c'est maintenant réalisable.

Une autre solution particulièrement étudiée par les spécificateurs de la 5G concerne l'endormissement du terminal, avec un réveil synchronisé sur un rendez-vous entre l'émetteur et le récepteur dans dix secondes, cent secondes, des minutes, des heures, des jours... On appelle cette solution « *sleep mode* ». De façon plus précise, il y a plusieurs niveaux de veille, certains éléments pouvant rester actifs pendant que d'autres s'endorment. C'est une solution particulièrement adaptée aux objets de l'Internet des objets. Par exemple, pour un relevé de température qui a lieu toutes les heures, l'émetteur et le récepteur se mettent d'accord pour s'allumer quelques millisecondes chaque heure, juste le temps d'émettre la valeur de la température mesurée. Une pile alcaline standard peut tenir une dizaine d'années dans ce cas.

Les laboratoires concoctent également des processeurs à vitesse variable, non pas à deux ou trois valeurs possibles comme aujourd'hui, mais allant d'une vitesse nulle à la vitesse maximale en fonction du travail à effectuer. Comme la consommation est proportionnelle à la vitesse du processeur, les gains en matière énergétique seront particulièrement notables.

Tous ces progrès devraient permettre à la quantité globale d'énergie nécessaire pour alimenter les terminaux de rester à peu près stable, voire de diminuer très légèrement, malgré la multiplication des machines connectées.

Les antennes

On observe aussi de nombreux changements au niveau de l'antenne proprement dite. Les antennes 4G omnidirectionnelles, desservant une surface tout autour d'elles ou uniquement sur un secteur, sont remplacées par des réseaux d'antennes que l'on appelle MIMO massives dans la 5G. L'acronyme technique MIMO (*Multiple Input, Multiple Output*) indique la possibilité d'utiliser plusieurs antennes en émission pour envoyer plusieurs flots en parallèle vers plusieurs antennes en réception. Il s'agit des antennes directionnelles mentionnées au chapitre précédent, dont la généralisation entraînera une nette diminution de la consommation. En 5G, les réseaux d'antennes MIMO présentent jusqu'à 1 024 antennes de transmission dont la directivité permet de mettre en place de toutes petites cellules, comme cela est schématisé à la figure 4.1.

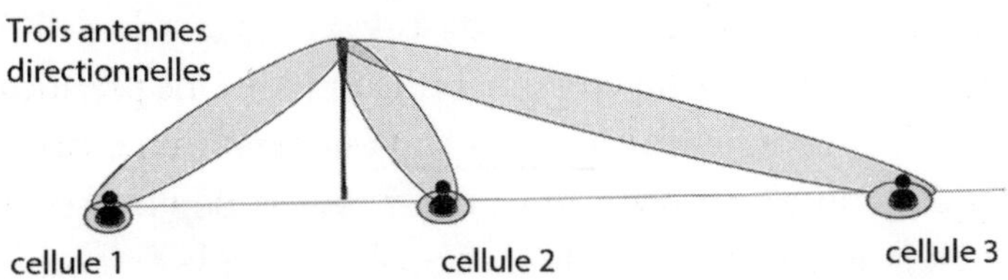

Figure 4.1 – Les cellules d'une antenne MIMO massive

Les ondes électromagnétiques étant très directives, le signal se déplace directement de l'émetteur vers le récepteur, on a alors un faisceau par utilisateur. Une antenne crée des milliers de minuscules cellules et non plus une seule, comme dans les générations précédentes. Ainsi, au lieu qu'à un instant donné, un seul utilisateur ait le droit d'utiliser la cellule, dans la 5G des centaines de personnes peuvent accéder à l'antenne simultanément.

Le signal directif étant très peu perturbé, on peut fortement en diminuer la puissance. De plus, des calculs déterminent la puissance exacte de transmission nécessaire pour atteindre le destinataire dans de bonnes conditions, sans envoyer inutilement le signal à des centaines de mètres plus loin et provoquer des interférences. Ainsi, chaque antenne directive 5G consomme beaucoup moins qu'une antenne 4G, même s'il y a évidemment plus d'antennes 5G.

De nouvelles fonctionnalités apparaissent dans les dernières spécifications de la 5G pour diminuer de façon encore plus sensible la consommation énergétique et atteindre une consommation faible par *design*. Pour cela on intègre les antennes dans un réseau où celles qui ne sont pas utilisées se mettent en veille. En 4G, comme beaucoup d'utilisateurs sont susceptibles de se connecter simultanément, il est difficile de mettre l'antenne en veille, puisque la probabilité est très faible que personne ne se trouve dans la zone de la cellule avec son smartphone allumé dans la poche. Avec une antenne élémentaire directive, en revanche, la zone de la cellule étant toute petite, la probabilité qu'il n'y ait personne à l'intérieur devient plus forte, et l'on peut mettre l'antenne en veille. Quand un utilisateur émet une onde électromagnétique, un scanneur sur le mat de l'antenne le détecte, et l'antenne se rallume.

La consommation du réseau d'accès

Les antennes et les fonctions qui y sont associées, comme le traitement des signaux reçus, évoluent très sérieusement avec la 5G. Cette génération se différencie principalement des précédentes en matière d'exécution des applications, notamment le traitement du signal, c'est-à-dire la récupération de la valeur de l'onde électromagnétique reçue. De son état plus ou moins dégradé, il faut en déduire s'il s'agit d'un 0 ou d'un 1. Ces différents traitements ne s'effectuent pas aux mêmes endroits : de la 1G à la 4G, accrochée sur le mat de l'antenne ou à son pied, une armoire électronique prend en charge les applications, et sa consommation constitue la plus grande partie de celle de l'antenne. En plus du traitement du signal, cette armoire assume de plus en plus de fonctions, comme la prise en charge du passage d'un utilisateur d'une cellule à une autre, les pannes ou les défaillances. Mais aussi le traitement des interférences, les calculs pour ajuster le signal émis en fonction de l'éloignement des terminaux, les algorithmes qui optimisent l'instant précis du changement de cellule, les traitements de certaines applications, dont la géolocalisation, la facturation du client, la recherche de diagnostics de pannes…

Dans la 5G, les traitements ne se font plus dans l'antenne mais dans le centre de données de l'opérateur qui se trouve à proximité, à quelques kilomètres au maximum. Cette modification de l'architecture vise principalement à économiser sur le matériel – et indirectement diminuer la dépense énergétique – en rassemblant tous les traitements de plusieurs antennes. Il n'est pas évident de faire des comparaisons valides de la consommation, car il faut soit comparer une antenne sans son armoire de traitement avec une antenne 5G, soit une antenne avec l'armoire de traitement et la dépense énergétique des fonctions équivalentes s'exécutant dans le centre de données. Or, celui-ci s'occupe de plusieurs antennes simultanément.

Le bon côté du centre de données est cette superposition des missions de plusieurs antennes qui permet de minimiser les coûts d'infrastructure. Dans les versions 5G un peu plus lointaines, les centres de données pourront s'échanger des fonctions avec l'objectif d'optimiser les traitements ; cela évitera les centres de données surdimensionnés et les blocages par manque de ressources. Leur mauvais côté concerne le traitement des fonctions, en particulier celui des signaux. Dans les générations précédentes, ce traitement est effectué par du matériel spécialisé très performant. Dans les centres de données, c'est un logiciel qui s'en charge, sur des processeurs qui ne sont pas spécialisés. En d'autres termes, on remplace des machines physiques performantes par un logiciel dans un centre de données. Cette solution, si elle ne semble pas raisonnable au départ, se révèle très astucieuse, puisqu'on peut facilement changer un logiciel au fil des évolutions technologiques, alors que remplacer le matériel finit par coûter beaucoup plus cher. L'exécution des fonctions demande plus d'énergie. Le bilan énergétique de ces architectures est complexe à faire : si on gagne en traitant de nombreuses tâches en parallèle, on perd dans les traitements « en logiciel », c'est-à-dire ceux qui ne sont pas faits dans des boîtiers spécialisés ni dans les nœuds du réseau mais dans les centres de données, où un logiciel exécute la fonction.

Pourquoi ne pas installer dans les centres de données des machines physiques très performantes ? Tout simplement pour une question de coût. L'avantage des logiciels pour les fonctions de traitement est que l'on peut facilement les modifier, les désinstaller et les remplacer à volonté sans changer de matériel. Comme les générations se suivent rapidement et que de plus en plus de nouvelles fonctions apparaissent, il est très simple de les ajouter dans un centre de données. Alors que se débarrasser du matériel et le remplacer par un équipement dernier cri ou ajouter des machines physiques supplémentaires à chaque nouvelle fonction est beaucoup plus difficile et coûteux.

Nous sommes dans un compromis entre le coût, la performance et la consommation. Pour atteindre une même performance, on pourrait consommer peu pour un coût important, ou bien consommer beaucoup pour un faible coût. L'optimum dépend du coût de l'énergie, et le facteur écologie peut également influer sur la décision.

En conclusion, si l'on compare correctement les consommations de la 4G et de la 5G, pour un volume de données identiques, c'est-à-dire l'antenne accompagnée de son boîtier physique en 4G et l'antenne avec la partie des traitements du centre de données associée, la consommation reste sensiblement la même. La problématique de la consommation concerne plutôt le volume transmis et le nombre d'antennes qui, comme on l'a vu plus haut, devrait fortement augmenter.

Un calcul pour comparer les dépenses énergétiques de la 4G et l'équivalent en 5G ne peut être que très approximatif, puisque les antennes directives pourront s'éteindre ou s'allumer en fonction de la demande. Pour remplacer une antenne du réseau 4G qui dessert 200 utilisateurs, il faut quatre antennes 5G. Et ces dernières dépensent, avec toutes les petites antennes en fonctionnement, vingt fois plus d'énergie qu'une antenne 4G desservant un seul utilisateur à la fois. Si l'antenne 4G demande une énergie E pour prendre en charge un client, pour 200 clients, la dépense énergétique est de 200 × E. Une antenne MIMO 1024 desservant 200 utilisateurs en parallèle ne consomme que 20 E – un bilan énergétique très favorable à la 5G, puisqu'une antenne dépense dix fois moins. Et même s'il en faut quatre fois plus pour couvrir la même surface, le gain final montre que la 5G dépense deux fois et demie moins que la 4G. L'autre avantage, encore plus important, est que si le nombre d'utilisateurs décroît, la consommation de l'antenne 5G diminue, ce qui n'est pas le cas avec la 4G. On peut donc estimer que la dépense énergétique est divisée par trois. Mais, comme nous venons de le voir, il y a un autre facteur à prendre en compte : le traitement du signal pour récupérer les valeurs 0 et 1 des flots de données. Ce traitement est plus complexe en 5G qu'en 4G. De plus, il est effectué dans l'antenne 4G par un boîtier électronique très performant. Pour la 5G, il est déporté dans un centre de données et effectué en logiciel. La consommation dépend alors de la taille du centre de données, du refroidissement utilisé et de nombreux autres paramètres. Globalement, il double l'énergie dépensée dans l'antenne, et l'avantage est toujours à la 5G. Cependant, en fonction de l'environnement et des fréquences utilisées, il faut parfois plus et parfois moins de quatre antennes 5G pour remplacer une antenne 4G. Au départ, avec l'utilisation de la première fréquence allouée à la 5G, qui avoisinait 3,6 gigahertz, il devrait falloir un peu plus de quatre antennes pour remplacer une antenne 4G. Il y a donc approximativement égalité concernant la consommation. En se positionnant un peu plus loin dans le temps, les fréquences 4G seront récupérées pour la 5G et, dans ce cas, la 5G sera largement gagnante en termes de consommation.

Pour les générations plus lointaines, comme la 6G, les centres de données posséderont des machines physiques reprogrammables : le matériel sera capable de se reconfigurer pour exécuter différentes fonctions les unes après les autres, comme traiter du signal, devenir un firewall, effectuer un traitement des changements intercellulaires, etc. L'avantage sera d'avoir du matériel physique peu gourmand en énergie et aussi agile que du logiciel. Mais il faudra attendre une dizaine d'années pour gagner sur les deux tableaux, en flexibilité et en consommation énergétique.

Le réseau cœur

En général, on ne compte pas le réseau cœur dans les dépenses énergétiques des opérateurs de télécommunications. Cela peut se comprendre concernant les générations précédentes, pour lesquelles la consommation du réseau cœur ne constituait qu'une faible partie de la consommation globale. En effet, les flots de paquets transportant les données utilisent les mêmes voies de communication. Pour accéder à l'utilisateur, il faut autant de liaisons que de clients connectés, mais une fois dans le réseau cœur, tous les paquets de tous les clients se rassemblent sur des autoroutes communes. La consommation d'une fibre optique est presque la même, qu'elle ait un débit de 10 mégabits ou de 160 gigabits par seconde. Il en va différemment pour la 5G. En effet, le réseau cœur utilise les centres de données situés derrière les antennes pour gérer les fonctions du réseau cœur par logiciel. Or les fonctions sont nombreuses. En premier lieu, il y a le routage des paquets dans le réseau cœur, c'est-à-dire le choix de la route pour aller d'une entrée à une sortie du réseau. Comme dans un réseau routier, il est conseillé de prendre les autoroutes, mais lorsque des bouchons se forment, il est possible de choisir des routes secondaires, comme le conseillerait Bison futé. Il y a également le contrôle des embouteillages dans le réseau, les pannes, les dysfonctionnements, etc.

L'importance des centres de données est de plus en plus visible : ils gèrent à la fois l'accès et le cœur du réseau ; ils regroupent toutes les applications à traiter ; ils apportent une grande flexibilité grâce à la simplicité du changement de logiciel ; ajouter de nouveaux services s'effectue sans contrainte, alors que dans les générations précédant la 5G, dès que l'on veut introduire une nouveauté, il faut acheter du matériel et l'insérer dans le réseau. Les boîtiers physiques sur les antennes doivent être changés pour tenir compte des progrès. Mais cette flexibilité du centre de données se paye par une consommation accrue, puisqu'il n'y a pas de composants physiques spécialisés qui demandent moins d'énergie qu'un serveur standard dans un centre de données.

En conclusion, dans le réseau cœur comme dans le réseau d'accès, il n'y a pas de matériels spécialisés pour des raisons de flexibilité : tout est pris en charge par des fonctions déportées dans les centres de données situés entre la sortie du réseau d'accès et l'entrée du réseau cœur. Or ces centres de données consomment beaucoup d'énergie, comme nous l'avons vu précédemment. Des progrès sont réalisés pour faire baisser cette consommation par des processeurs de moins en moins gourmands, des stratégies de refroidissement des processeurs ou encore la réutilisation de la chaleur générée pour chauffer des immeubles à proximité. Mais malgré tous ces progrès, la montée en puissance qu'engendre un nombre de plus en plus important d'applications implique une augmentation de la consommation sur cette partie du réseau, tandis que les autres parties voient leur consommation baisser fortement.

Comme pour les antennes, les comparaisons globales entre générations ne sont pas simples si l'on tient compte des applications des utilisateurs. Jusqu'à la 4G, les applications concernaient essentiellement la gestion et le contrôle du réseau. Avec la 5G, dédiée aux entreprises plus qu'au grand public, un nombre incalculable de nouvelles applications se mettent en place, avec quatre grandes propriétés représentées à la figure 4.2.

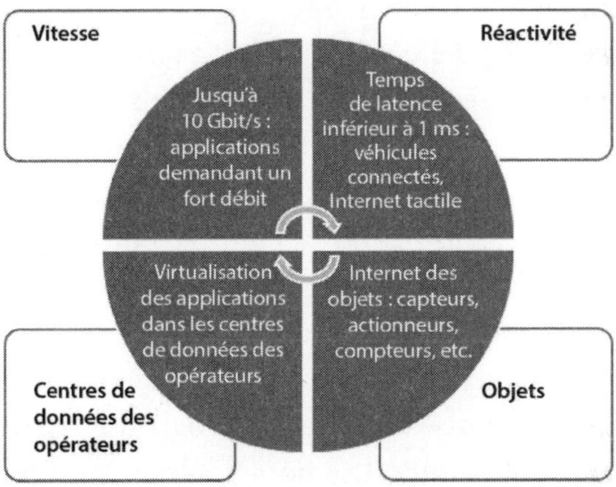

Figure 4.2 – Les quatre grands axes d'applications de la 5G

Si l'on compare 4G et 5G sur le même trafic et les mêmes fonctions, on peut tabler sur des consommations assez semblables. Si le trafic augmente et que de nouvelles applications sont introduites, la consommation en 5G s'accroît lentement mais sûrement, jusqu'à ce que l'on passe à une nouvelle génération de centres de données, en 2025, qui consommeront beaucoup moins grâce à une nouvelle génération de processeurs, reconfigurables, qui seront capables de s'adapter à la fonction à traiter.

Cela sans oublier de compter la consommation des nouvelles applications 5G indiquées à la figure 4.2, puisque la 5G se préoccupe des applications, contrairement aux générations précédentes, qui ne prenaient en charge que le transport des données d'un client vers un autre, ou bien d'un client vers un serveur. Clairement, les applications jusqu'ici non gérées par les opérateurs demandent des ressources énergétiques complémentaires, qui augmentent assez nettement la consommation. Globalement, il ne faut pas espérer voir une décroissance de la consommation avec la 5G, plutôt une augmentation mesurée.

Un autre facteur clé de la consommation est le succès ou non des opérateurs dans le monde applicatif. Jusqu'à présent, les entreprises du GAFAM font la loi partout dans le monde en termes d'applications informatiques. Les opérateurs de télécommunications vont-ils pouvoir s'immiscer sur ce marché lucratif ? Sachant que le business d'une entreprise comme Google provient de la publicité et du marketing, les opérateurs sont potentiellement mieux placés, puisque leurs clients se situent à proximité des centres de données des opérateurs. Les flots de données allant vers les entreprises du GAFAM doivent les traverser.

Or la publicité et le marketing changent d'orientation si l'on adopte une vision liée à la proximité. L'opérateur de publicité doit suivre le client en tenant compte de sa localisation et de son activité du moment. Chaque client reçoit une publicité qui lui est exclusivement destinée, puisqu'elle ne dépend que de lui, de sa localisation, de ce qu'il est en train de faire, de ses déplacements, etc. Les opérateurs sont bien mieux placés que les compagnies du GAFAM pour se charger de ce marketing de proximité.

Les publicités provenant de Google et Facebook sont de plus en plus souvent éliminées par des logiciels de reconnaissance ; ainsi 25 % de la publicité disparaît pour Google, et 35 % pour Facebook. Google réfléchit à se positionner avant le centre de données de l'opérateur, plus précisément entre le client et l'antenne. Les places possibles sont soit directement chez les utilisateurs, par exemple dans leur smartphone, soit dans le point d'accès sans fil, le Wi-Fi ou la femtocell privée, ou encore dans le réseau d'accès, qui peut prendre plusieurs formes : fibre optique, ballon, drone, etc. Cependant, le réseau d'accès est très coûteux, puisqu'il faut avoir un accès par client, et même la puissance financière de Google pourrait être très insuffisante pour réaliser un réseau d'accès mondial. Des tests ont été effectués avec des ballons situés à 22 kilomètres d'altitude sur le sud de l'Afrique, l'Australie et la Nouvelle-Zélande. De même, des réseaux de fibre optique ont été achetés pour couvrir les très hauts débits dans certaines villes et entre des continents. Des constellations de satellites constituent également une solution, et trois constellations sont en cours de lancement, avec plusieurs milliers de satellites chacune. De 400 à 700 kilomètres d'altitude, les satellites couvriront toute la surface de la Terre, mais leur efficacité reste à démontrer.

Une consommation énergétique en hausse avec la 5G

Il y a encore de nombreuses inconnues concernant la consommation de la 5G. Sur le plan purement technologique, elle devrait être comparable à celle de la 4G. Si les opérateurs arrivent à conquérir de nouveaux marchés du point de vue applicatif, en particulier les véhicules connectés, les applications destinées aux entreprises, les services de l'Internet tactile et l'intégration de l'Internet des objets, une montée en consommation se fera sentir, mais pour plus de débit et plus de services.

Le coût écologique des équipements 5G

Nombreux sont les opérateurs qui disent s'orienter vers une stratégie de ressources renouvelables. II s'agit plus d'une stratégie de communication auprès des clients que d'une réalité forte aujourd'hui. Toutefois, la recherche d'emplacements permettant l'emploi de technologies vertes pour fournir de l'énergie est une réalité.

La partie la plus problématique est le traitement des déchets provenant des équipements, et en particulier des smartphones et des téléphones portables des premières générations.

Que faire des smartphones périmés ?

En 2020, on jette plus de deux millions de téléphones portables chaque jour, ce qui donne le chiffre vertigineux d'un milliard par an, pour un milliard et demi de nouveaux portables. 500 millions de ces appareils sont réutilisés ou mis de côté pour servir en cas de perte ou de casse du nouveau smartphone. En moyenne, on change de smartphone tous les vingt mois. Et chez les moins de 30 ans, on tombe même à dix mois.

Une analyse du cycle de vie d'un smartphone a été effectuée par l'Agence de l'environnement et de la maîtrise de l'énergie (ADEME). La figure 4.3 en donne une idée précise et souligne que c'est bien la fabrication du smartphone qui consomme le plus de ressources.

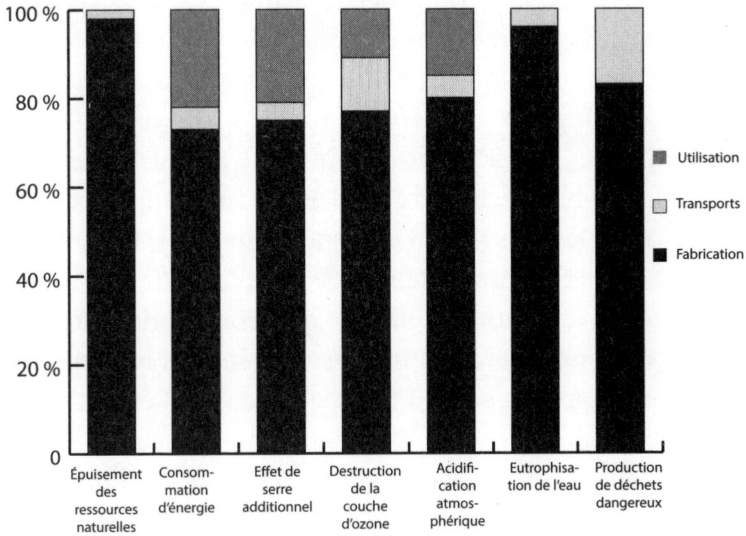

Figure 4.3 – Analyse du cycle de vie d'un smartphone

Évidemment, d'un point de vue strictement écologique, les défauts des smartphones sont nombreux, comme c'est le cas pour beaucoup de produits de haute technologie. Or réduire cet impact est certainement possible avec un effort menant à une augmentation des coûts quasi insignifiante au regard des bénéfices engendrés par la technologie 5G.

Le taux de recyclage de ces équipements reste malheureusement très faible : de l'ordre de 20 % environ, soit 200 millions de smartphones recyclés par an, malgré des sociétés comme Re!commerce et Back Market, qui les réparent, les reconditionnent et les revendent. Un certain nombre de téléphones sont recyclés après une remise en état assez superficielle quand ils fonctionnent encore.

Puis ils sont le plus souvent expédiés dans les pays en développement.

Le recyclage est un procédé complexe, car rien n'a été conçu pour récupérer facilement les composants. Globalement, après un travail assez fastidieux, à partir de 50 000 smartphones on peut récupérer 1 kilo d'or, 10 kilos d'argent et des centaines de grammes de métaux rares.

Le smartphone est indiscutablement un équipement peu écologique. Des efforts sont effectués et de nouvelles sociétés essaient d'en améliorer le temps de vie, pour que l'on ne soit plus poussé à toujours vouloir celui qui sera doté des dernières innovations. On cherche à mettre au point des batteries qui durent plus longtemps, et à lutter contre l'obsolescence programmée visant à vendre plus d'équipements neufs.

Pourtant, trop peu d'efforts sont faits aujourd'hui dans ce sens au regard des bénéfices attendus. La situation change un petit peu, malheureusement bien trop lentement.

Où installer les antennes ?

Les antennes sont visibles et laides. Visibles puisqu'il faut éviter les obstacles pour que les signaux arrivent à l'utilisateur sans être fortement affaiblis ; leur laideur est évidemment plus subjective, même si la grande majorité des utilisateurs préféreraient des antennes invisibles. Néanmoins, il existe de nombreux subterfuges pour les cacher, en les camouflant dans un arbre artificiel, comme dans l'exemple de la figure 4.4. Lorsqu'on sait qu'une antenne y est cachée et que l'on regarde avec attention, bien sûr, cela n'est pas franchement beau, pourtant il faut reconnaître que c'est assez bluffant et que l'on peut passer à côté de nombreuses antennes sans s'en rendre compte.

Figure 4.4 – Une antenne cachée dans un « arbre »

Le nombre d'antennes 5G augmentera fortement, comme nous l'avons déjà souligné. Celles placées à domicile à l'intérieur de la box Internet sont invisibles, et on en comptera plusieurs dizaines de millions sur terre à longue échéance. Les autres antennes, en rase campagne, le long des routes ou des chemins de fer seront beaucoup plus visibles, et elles doivent être suffisamment hautes pour couvrir une surface de quelques centaines de mètres de rayon. Or il n'y a pas vraiment de moyen simple de les cacher, sauf, comme dans l'exemple ci-dessus, dans des structures reproduisant des éléments naturels.

Détruire des centaines de milliers d'antennes en fin de vie pour les remplacer par des antennes 5G représente un travail considérable, mais un recyclage très important a été mis en place, et ce problème n'est rien comparé à la gestion des millions de téléphones portables et de smartphones mis au rebut.

Comment sont fabriqués les smartphones et l'influence de la 5G

Le cycle de vie d'un smartphone est complexe. Il faut tout d'abord extraire les matières premières, et en particulier ce que l'on appelle des terres rares : les métaux rares comme le scandium, l'yttrium et les quinze lanthanides. Soixante-dix pour cent de ces terres rares viennent de Chine, ce qui pose un problème géopolitique important. Les États-Unis ont une réserve non négligeable de terres rares, mais pour des raisons environnementales (rejet de nombreux éléments toxiques et radioactifs), elles ne sont pas vraiment utilisées – ce qui pourrait changer rapidement. De plus, les sites d'extraction chinois sont fortement radioactifs, et la mortalité qu'ils entraînent est bien plus forte que celle provoquée par les ondes électromagnétiques de la 5G.

Il faut ensuite passer à la fabrication des composants, puis à leur assemblage, tout cela dans des usines où la main-d'œuvre est le moins chère possible, et souvent dans des conditions déplorables. La génération 5G devrait voir une automatisation beaucoup plus importante dans ces deux domaines, mais jusqu'à preuve du contraire, les conditions de fabrication vont rester très discutables pendant encore de nombreuses années. Quelques actions tendent cependant à instaurer un commerce plus équitable et plus durable, comme le Fairphone, qui introduit une dose d'éthique dans un marché où le profit passe avant toute autre considération.

La fabrication d'un smartphone coûte en général un cinquième de son prix de vente, soit 200 euros pour un smartphone vendu 1 000 euros. Il faut aussi comptabiliser la distribution, la publicité et la maintenance sous garantie, que l'on peut estimer globalement à 200 euros également. Les bénéfices sont donc substantiels pour le fabricant. Et ceux des grandes entreprises du smartphone sont spectaculaires : 60 milliards de dollars par an pour Apple, de quoi acheter en cash, chaque année, une des plus grandes entreprises françaises.

La 5G semble ne pas du tout prendre en considération le coût écologique des équipements, qui représentent entre 1 000 et 2 000 milliards d'euros. Il est vraiment regrettable qu'au vu de chiffres aussi considérables, une somme plus importante ne soit pas dédiée à mettre en place un environnement plus responsable. Car les profits attendus sont, eux, encore plus importants : on parle de 12 000 milliards d'euros de retombées économiques au niveau mondial, avec la création de 20 millions d'emplois. Ces calculs effectués par des spécialistes plutôt pro-5G sont peut-être optimistes, mais la rentabilité de la 5G sera néanmoins comparable à la ruée vers l'or dans l'Ouest américain au milieu du XIXe siècle, qui a fait la fortune de la Californie. Il est donc dommage de ne pas profiter de ce mouvement pour résoudre des problèmes de développement durable et de prise en compte du réchauffement climatique, dont le coût pourrait ne représenter que 1 % des retombées économiques, soit 120 milliards d'euros – une goutte d'argent dans l'océan du phénomène 5G.

La 5G va-t-elle perturber les prévisions météorologiques ?

Une problématique importante, parfois évoquée dans les revues techniques, concerne l'action de la 5G sur les prévisions météorologiques. Le dérèglement climatique s'intensifie, et avec lui l'importance des prévisions météorologiques pour le mesurer et prévoir les catastrophes naturelles. Les signaux émis par les satellites météorologiques ont permis de progresser considérablement dans les prévisions à un peu plus long terme qu'un jour ou deux. Les forts dangers climatiques sont parfois encore signalés un peu tard, comme ce fut le cas début décembre 2010 pour une tempête de neige dans la région parisienne qui a semé la panique et bloqué 8 000 véhicules durant toute une nuit. Mais les progrès accomplis dans ce domaine depuis une dizaine d'années sont pourtant remarquables, et ils ont permis de sauver des dizaines d'humains qui, sans ces prévisions, auraient péri dans de graves inondations ou de violentes tempêtes.

Les satellites météorologiques observent les nuages, l'atmosphère et la surface terrestre. Ils mesurent, sur un large spectre de fréquences allant des radiofréquences à la lumière visible, des champs électromagnétiques qui traduisent des transferts énergétiques associés aux électrons, aux atomes, aux ions et aux molécules. Ces mesures, effectuées par les capteurs des satellites, donnent la valeur de l'intensité des rayonnements, nommée brillance.

À partir de toutes ces données, des calculateurs de très grande puissance – parmi les plus gros existant – traitent des modèles mathématiques qui permettent d'effectuer les prévisions météo. Si les mesures sont faussées, les modèles peuvent complètement diverger et donner des prévisions totalement erronées.

Que vient faire la 5G sur les plates-bandes des satellites météorologiques ? Elle pourrait fausser les mesures effectuées sur des fréquences assez précises. La vapeur d'eau, par exemple, émet et absorbe naturellement des ondes entre 22,21 et 22,5 gigahertz, la molécule d'ammoniac autour de 23,6 gigahertz, et le dioxygène entre 50 et 60 gigahertz. Or la prochaine bande de fréquences qui devrait être libérée pour être dévolue à la 5G se trouve justement entre 22 et 28 gigahertz, puis on devrait lui en attribuer une autour de 60 gigahertz. En d'autres termes, ces mesures capitales pour les prévisions météorologiques disparaîtraient ou donneraient des valeurs complètement fausses. Les discussions se poursuivent pour laisser certaines fréquences importantes pour les observations météo disponibles, en conservant un écart suffisant avec les fréquences 5G pour éviter toute interférence. Certains États sont sensibles à cette demande, d'autres beaucoup moins. Il est pourtant tout à fait possible, pour éviter ce problème, que la bande de fréquences ouverte pour la 5G soit située entre 24, 25 et 27,5 gigahertz seulement, ce qui résoudrait une grande partie du problème. L'Europe est la première entité qui a clairement indiqué son souhait de ne pas toucher aux fréquences nécessaires pour les prévisions météorologiques.

Préserver les mesures des satellites spécialisés est nécessaire dans un monde victime de phénomènes naturels de plus en plus dévastateurs. Nombreux sont pourtant ceux qui, conscients du problème, espèrent néanmoins préserver les recettes financières de la vente des nouvelles fréquences grâce à des recherches qui permettront de séparer les fréquences 5G et les fréquences des mesures météo. C'est tout à fait possible, mais pour le moment, nous sommes encore trop loin d'une telle découverte pour miser dessus.

Que peut apporter la 5G à l'écologie ?

La 5G est un environnement très complexe qui touche à beaucoup de domaines, directement ou indirectement. Au-delà des réseaux et des applications, elle a également un impact sur la vie de tous les jours. Pour les télécommunications, cette génération marque une forte évolution, presque une révolution. Les débits émis par les antennes de toute taille et par les smartphones représentaient un premier défi technologique impensable il y a trente ans : passer de quelques kilobits à quelques gigabits par seconde, c'est-à-dire multiplier le débit par un million ! Ce défi a été relevé sans augmenter la puissance des antennes, et même en la réduisant, comme c'est le cas avec la 5G. Cette génération touche également à l'écologie par une demande énergétique qui devrait rester plutôt stable, voire décroître. Mais le domaine économique est certainement celui qui sera le plus bouleversé, puisque les grands perdants seront les pays qui ne déploieront pas cette technologie dans les toutes prochaines années, tant l'impact de la 5G sera fort sur la numérisation de la société et des entreprises.

Quand on évoque l'impact négatif de la 5G sur l'écologie, on oublie le potentiel de cette génération pour œuvrer positivement. Pendant la pandémie de coronavirus de 2020, par exemple, la visioconférence a été très largement utilisée dans le monde entier – même si la qualité de l'image et du son n'était pas toujours à la hauteur. Grâce à la 5G, il sera bientôt possible d'effectuer des visioconférences depuis n'importe quel endroit, qu'il soit fixe ou mobile. Et avec le débit de la 5G, on passera aux visioconférences avec des images animées de bien meilleure définition et un son de qualité. Il sera même possible d'accéder à la vidéo 4K pour encore améliorer la dynamique des images.

La visioconférence a montré tout son potentiel. Elle a permis d'éviter de nombreux déplacements, que ce soit en voiture ou en avion, et ainsi de réaliser des économies et de faire baisser le niveau de la pollution de façon assez spectaculaire en seulement deux mois, lors du confinement d'une grande partie de la population mondiale. Les vies sauvées grâce à cette diminution de la pollution se comptent en milliers – toujours à comparer avec la dangerosité des ondes de la 5G. L'empreinte carbone des moyens de transport a aussi considérablement diminué dans le monde. Pour les scientifiques qui se déplaçaient d'un pays à un autre, et même d'un continent à un autre, à seule fin de siéger à un jury de thèse, assister à une soutenance de deux heures et poser des questions au candidat durant une dizaine de minutes, la solution de la visioconférence semblait évidente. Elle n'a cependant été acceptée qu'avec difficulté, mais avec l'espoir d'une continuité…

Plus généralement, de nombreux processus industriels ayant un impact non négligeable sur l'empreinte carbone pourraient être optimisés par des algorithmes utilisant de l'intelligence artificielle et situés dans un centre de données. Les moteurs des machines industrielles consomment les deux tiers de l'électricité du secteur, et il serait relativement facile, à partir de calculs parfois complexes relayés par la 5G, d'améliorer ces moteurs pour une moindre consommation. Un service que pourraient offrir les opérateurs aux industriels. Cela pourrait entraîner pour les entreprises une économie en matière de dépense énergétique dépassant facilement 10 %. Ces utilisations de la 5G pour optimiser la consommation d'énergie engendreraient un gain financier colossal, et cela inciterait forcément de nouvelles entreprises à se lancer dans de tels processus en utilisant la 5G et sa réactivité de quelques millisecondes.

Les équipementiers doivent s'engager sur le plan écologique

La 5G a mauvaise presse en matière énergétique. Pourtant, on l'a vu, ce n'est pas mérité. De nombreux efforts ont été faits pour renverser la tendance. En s'ajoutant aux réseaux déjà existants, la 5G ne fait certes qu'augmenter la consommation énergétique. Mais intrinsèquement, elle est nettement moins énergivore que les versions de réseaux de mobiles précédentes. Si à terme elle remplace toutes les générations antérieures, à trafic comparable et pour un nombre d'applications similaire, elle demandera beaucoup moins d'énergie. Néanmoins, comme le trafic global va fortement croître, la 5G constituera un environnement dont la dépense énergétique restera stable, malgré la forte augmentation de ses performances. Les équipementiers devront s'attaquer aux problèmes posés par la fin de vie des appareils utilisés, notamment les smartphones, et faire un effort important pour rendre leurs produits durables, même si cela doit impliquer une très légère baisse de leurs énormes profits… Enfin, il faudrait miser sur de nouvelles applications capables d'optimiser de nombreux processus industriels et commerciaux pour réaliser des améliorations notables en matière de consommation et d'utilisation durable des équipements.

5

Les dangers sociétaux

La 5G cristallise les passions et constitue un vrai sujet de société. Pour une raison difficilement compréhensible mais que nous tenterons d'expliquer, cette nouvelle génération de réseau passionne les foules, avec des prises de position extrêmes : elle est soit abhorrée, soit adulée. Un mouvement qui n'existe pas du tout en Asie ni en Amérique mais qui est très actif en Europe, où une centaine d'antennes 5G ont été brûlées ou détruites dans les six premiers mois de 2020. Cette réaction qui n'a pas lieu d'être – ou ne devrait du moins pas être aussi exacerbée –, concernant la dangerosité des ondes électromagnétiques, aurait pu trouver sa source dans les dangers sociétaux que représente la 5G, qui sont, eux, bien réels. On se trompe de cible. Ce qui prouve une méconnaissance des véritables problèmes ou l'existence d'un mouvement de rébellion plus vaste, liée notamment aux antivaccins, qui a choisi la 5G comme cheval de bataille.

La 5G constitue-t-elle une course à la technologie dont nous n'avons nul besoin ?

La 5G est-elle vraiment utile ? Cette question est souvent posée par les partisans d'un ralentissement des progrès technologiques dont l'accélération peut paraître, à tort ou à raison, incontrôlée. Là où il fallait vingt à trente ans pour amortir les coûts de recherche d'une nouvelle technologie, cinq ans suffisent aujourd'hui. Ainsi, même si les investissements de la 4G sont loin d'être amortis, la dernière phase de cette génération, la 4G Pro, arrive sur le marché en 2020.

La question de l'utilité de la 5G est évidemment complexe, puisqu'elle dépend de très nombreux facteurs, notamment politiques. Si tous les pays décidaient ensemble d'un moratoire technologique, ce serait certainement une solution pour consolider l'existant, mais il y aura toujours des pays pour accélérer les recherches avec des buts divers, souvent économiques et parfois politiques.

Or la 5G est réellement une étape fondamentale pour permettre d'augmenter fortement la productivité des entreprises. Les pays qui ne seront pas au même niveau compétitif que les autres verront leurs industries péricliter rapidement, en seulement quelques mois, alors que cela aurait pris plusieurs années dans la première moitié du XXe siècle. La course à la technologie est menée par la Chine, talonnée par les États-Unis, qui ne veulent pas perdre leur leadership. Les pays européens ont été tentés de prendre leur temps dans cette compétition, mais ils ont su redynamiser leurs entreprises pour rester le troisième bloc. La 5G apporte un coup d'accélérateur économique pour les entreprises. Il n'y aura qu'une continuité sans saut technologique pour le grand public. Pourtant, les pays qui ne vont pas suivre seront rapidement distancés. Même si l'idée de ralentir est séduisante, aucun chef d'État ne pourra prendre la décision de laisser son pays se faire distancer, sachant que ce serait le condamner à s'écrouler économiquement une dizaine d'années plus tard.

La compétition est inéluctable. Il faudrait dès lors fixer des règles, mais ce ne sera pas fait. La 5G est inexorablement amenée à se développer. Pour essayer de contrôler les évolutions et l'utilisation de cette nouvelle technologie afin qu'elle respecte les exigences écologiques, les groupes de pression sur les dangers de la 5G doivent se faire entendre sans utiliser d'arguments fallacieux, dans le but d'établir des règles en matière de qualité et d'économie d'énergie, ainsi que des seuils de puissance reçue, en restant raisonnable au vu de la connaissance déjà profonde acquise depuis une trentaine d'années. Il ne faut surtout pas utiliser d'arguments à contresens, comme on en entend énormément, mais des arguments indiscutables, sur l'épuisement des ressources, les conditions de travail dans les usines de production, le besoin d'effectuer plus de mesures des puissances reçues pour contrôler le respect des lois, et surtout sur la nécessité de préserver la vie privée des individus.

La 5G peut être considérée comme une véritable révolution technique, certes moins importante que la création de l'Internet mais qui s'en approche. Elle devrait changer à jamais la vie des entreprises et, par ricochet, celle de chacun d'entre nous, en faisant par exemple disparaître de nombreux travaux pénibles et répétitifs. À plus ou moins long terme, plus aucun ouvrier ne devrait travailler sur les chaînes de montage, les processus de tous ordres seront automatisés grâce à des cerveaux logiciels placés dans les centres de données des opérateurs de la 5G.

La 5G fait-elle peser une menace sur la vie privée ?

La 5G constitue indubitablement une menace pour la vie privée. Et c'est le plus gros défaut de cette génération. Cette menace n'est pas nouvelle, mais les équipements introduits dans la 5G ne font que renforcer les moyens pour la mettre à exécution. L'Internet a toujours été un environnement où circulent beaucoup d'informations, et avec la 5G presque toute l'information disponible dans le monde transitera à un moment ou un autre par ses rouages. Il faut bien comprendre que la 5G devient la partie principale de l'Internet. Contrairement à la 4G, qui n'était qu'un accès à l'Internet, les réseaux cœur des opérateurs 5G forment le réseau qui transporte toutes les informations, qui les stocke à un moment ou un autre et, surtout, qui pourrait les traiter. Or, comme on l'a déjà dit, ces données sont véritablement le pétrole du XXIe siècle.

Certaines entreprises qui contrôlent et gèrent les données ont pignon sur rue, comme celles du GAFAM, tandis que d'autres travaillent dans l'ombre, et exploitent les données en restant souterraines. Enfin, des instances étatiques cherchent à tirer parti de ces données pour pratiquer un espionnage technique, économique et sécuritaire. La sécurité intérieure est souvent une bonne excuse pour récolter tous azimuts des informations intéressantes pour le pays. Par exemple, aux États-Unis, la NSA (National Security Authority) réunit de façon souterraine un maximum d'informations.

Trois raisons sont avancées pour justifier le traitement des données des utilisateurs. Elles sont d'ordre économique ou politique. Tout d'abord la publicité associée au marketing, ou comment vendre certains produits en instillant petit à petit dans la tête des clients potentiels les bons arguments. Ensuite la surveillance, pour des raisons multiples et variées, comme la sécurité, pour détecter la préparation d'actes malhonnêtes ou contrer des idéologies souvent liées au terrorisme. En écoutant le monde entier, y compris les chefs d'État, pourtant fortement protégés, la NSA cadre parfaitement avec cette vision. Enfin, il s'agirait également d'une mesure visant à éviter le vol de secrets industriels, les demandes de rançons ou toute autre malversation.

Commençons par la raison marketing et le moyen utilisé pour récolter des données, qui est souvent simple : l'utilisateur est prié de remplir une fiche contenant de nombreuses informations le concernant, pour pouvoir ensuite recevoir un cadeau, faire une commande ou se connecter à un Wi-Fi ouvert. Une fois ces premières informations recueillies, en général le nom, le prénom, un numéro de téléphone et un email, voire parfois beaucoup plus, il est facile de compléter le profil en recherchant sur Internet, avec des automates qui inspectent tous les sites Web, toutes les données disponibles sous la forme de textes, de photos, de vidéos, de musiques, de paroles, etc. Facebook est un pourvoyeur remarquable pour commencer à établir le profil d'un utilisateur, que l'on complète ensuite en explorant bien, de façon totalement automatisée, les nombreux sites sur lesquels celui-ci a laissé sa trace. Une fois cette recherche finalisée, il ne reste plus qu'à cibler la personne en question avec une publicité personnalisée.

Cette recherche a souvent pour but de vendre un produit particulier, et le profil est établi en fonction des données pertinentes. Mais certaines sociétés ne trient pas les informations et récoltent un maximum d'éléments pour satisfaire le plus grand nombre d'entreprises demandant une publicité ciblée. Ces éléments sont mémorisés sous tous les formats possibles et imaginables, allant du texte à la vidéo. Ensuite, des logiciels d'analyse du Big Data parviennent à trouver des corrélations chez les utilisateurs qu'eux-mêmes ne soupçonnent pas, et de façon étonnante, les grandes entreprises empruntant cette voie finissent par en savoir parfois plus sur un individu qu'il n'en sait lui-même. L'examen des photos postées sur le Web, les achats par correspondance, les lieux fréquentés, les publicités examinées, les horaires des achats, tout cela permet de déduire qu'une personne achètera une chemise bleue à 43 euros en moyenne le vendredi à 16 h 30 lorsqu'il fait beau. Elle-même peut en avoir une conscience approximative, mais ne s'est probablement jamais aperçue de cette corrélation des faits. On voit bien aussi comment ces logiciels du Big Data traitent la complexité avec le traducteur de Google, qui établit des milliards de corrélations pour traduire un mot avec précision. La traduction de *light*, par exemple, qui peut signifier lumière ou léger, était tirée au hasard il y a dix ans. Aujourd'hui, des milliards de corrélations sont effectuées à partir de tous les textes disponibles sur le Web pour choisir le terme *ad hoc*. Plus personne ne sait comment le système arrive à la bonne traduction, mais le fait est que son contenu est correct à plus de 98 %.

Y a-t-il danger ? La réponse est souvent livrée à l'évaluation de chacun. Certains ne voient aucun problème à cette connaissance profonde d'eux-mêmes, souvent les plus jeunes. D'autres se méfient et ne souhaitent pas que des entreprises puissent accéder à une telle connaissance. Tant que le recours à ces algorithmes n'a pas de but précis et participe simplement de la compréhension de notre environnement, ces systèmes sont acceptables, mais ce n'est malheureusement qu'une petite minorité des utilisations.

Un exemple très peu connu est le suivi des individus par leur smartphone Wi-Fi. Quand on le met en mode hors ligne, dans un avion ou ailleurs, le Wi-Fi continue de fonctionner en mode dégradé, qui permet à tous les points d'accès Wi-Fi de voir passer le smartphone, et donc de repérer son emplacement. Si en entrant dans un supermarché ou une galerie commerciale, vous utilisez ce mode pour ne pas être dérangé ni suivi à la trace, c'est raté ! Le système Wi-Fi vous suit des yeux et peut indiquer à un commerçant qu'un client potentiel est devant sa vitrine grâce au suivi de votre smartphone et à votre profil, qui atteste que vos centres d'intérêt correspondent justement à ce qui est vendu dans cette boutique. Il faut éteindre complètement son smartphone pour ne pas être suivi.

Certes, il existe une solution simple et radicale pour se défendre et veiller à l'intégrité de ses données, afin que des entreprises – qu'elles soient honnêtes ou malhonnêtes – n'en récupèrent pas la plus grande partie : ne plus avoir de smartphone et ne remplir aucun document sur le Web. Mais évidemment, on perd un certain nombre de fonctionnalités en revenant quelques années auparavant. De plus, l'État imposant désormais d'effectuer sa déclaration de revenus par Internet, il est difficile de faire marche arrière !

Concernant la surveillance proprement dite il faut, pour aller plus loin, passer à l'écoute des informations qui transitent sur les lignes. Parfois cela ne pose aucun problème, car les informations ne sont pas cachées par un chiffrement. Mais souvent l'émetteur chiffre ses informations, c'est-à-dire qu'il les transforme par un algorithme de cryptage pour que celui qui espionne ne puisse pas comprendre. Un de ces algorithmes de cryptage pourrait consister à envoyer la lettre suivante de l'alphabet : un B au lieu d'un A, un C au lieu d'un B, etc. Il existe bien sûr des algorithmes bien plus complexes ! Mais si celui qui espionne possède une puissance de calcul phénoménale, il n'aura aucun mal à casser l'algorithme de chiffrement. Il faut imaginer des calculateurs capables d'effectuer 200 millions de milliards d'opérations par seconde et qui coûtent 250 millions de dollars. Au bout de quelques minutes, ils ont essayé tout ce qui était imaginable. En prenant l'exemple du mot de passe, ce type de calculateur est capable de casser tous les mots de passe de douze caractères comprenant des caractères spéciaux, des nombres, des majuscules, c'est-à-dire plus de 99 % de tous les mots de passe de tous les utilisateurs du monde. Cependant, le coût des heures de calcul pour casser un mot de passe un peu complexe de douze caractères n'a de sens pour une agence d'État que pour percer des secrets rentables, et non des informations sans intérêt. Le premier conseil est d'utiliser des mots de passe d'au moins treize caractères pour quelques mois. Ensuite, il faut les allonger. Il est recommandé de transformer ses mots de passe en utilisant six ou sept mots entrecoupés d'un caractère quelconque, la longueur totale étant d'une quarantaine de caractères ; cela les rend impossibles à déchiffrer. L'inconvénient est qu'ils sont plus longs à taper. Sans compter que, très souvent, les sites Web limitent la longueur des mots de passe à douze caractères !

Comme dans beaucoup de pays, il existe en France des textes de loi qui permettent à l'État d'effectuer des surveillances sur les réseaux de télécommunications. En particulier la loi de programmation militaire ou les lois antiterroristes, qui autorisent la collecte de données par les autorités sur les réseaux des hébergeurs, opérateurs télécoms et fournisseurs d'accès Internet, et ce en l'absence de toute réquisition judiciaire. La Commission nationale de l'informatique et des libertés (CNIL) a cependant réussi à diminuer le type de données qui peuvent être récoltées. Le problème est de déterminer la limite de cette surveillance. Pour arrêter des criminels ou des voleurs, il suffit de suivre leur portable, que beaucoup laissent allumé, ce qui facilite la tâche. Certains pensent cependant à enlever leur carte SIM pour ne pas être suivis. D'autres se contentent de passer en mode hors ligne, ce qui n'est pas suffisant, on l'a vu. Cette possibilité de surveillance paraît acceptable, mais beaucoup d'autres ne le sont pas.

La troisième raison avancée pour justifier le traitement des données des utilisateurs relève de la malhonnêteté assumée. Un groupe industriel ou commercial peut aujourd'hui louer durant quelques heures, pour seulement 20 euros, une machine extrêmement puissante dans un centre de données et casser des clés secrètes, des mots de passe figurant dans le dictionnaire des noms communs et des noms propres ou dans lesquels se trouvent les années de naissance ou équivalent. Les profils achetés sur le marché noir donnent toutes les informations de base qui seront testées.

Pour en revenir à la 5G, dans ce monde de l'écoute, les centres de données jouent un rôle majeur. Ils recèlent la puissance nécessaire pour casser les codes secrets de l'ensemble des flots qui y passent. Ce peut être juste un point de passage permettant de copier les flots, chiffrés ou non, et de les envoyer vers des États ou des organisations qui les demandent de droit ou de fait, en les achetant. Car pratiquement tous les industriels sont dans l'obligation de fournir à leur gouvernement les informations qui transitent par leurs matériels, quelle qu'en soit la localisation. On peut citer le Patriot Act des États-Unis, une loi qui autorise à analyser la circulation des messages électroniques et à conserver les traces de la navigation sur le Web de toute personne suspectée de contact avec une puissance étrangère. Elle oblige également les organismes américains à permettre l'accès à « tout objet tangible (livres, dossiers, articles, documents et autres) à des fins d'investigation pour la protection contre le terrorisme international ou les activités de renseignements clandestines ». On retrouve des textes presque équivalents dans la plupart des pays, avec cependant en Europe des limitations par une description plus précise de ce que l'on peut ou ne peut pas faire.

Là résident les raisons de la guerre contre Huawei pour empêcher l'installation de centres de données derrière les antennes 5G, qui sont des portes ouvertes au gouvernement chinois. Mais il faut bien sûr comprendre que la réciproque est également vraie et que cette collecte d'informations est effectuée par tous les pays qui arrivent à introduire des machines aux bons endroits dans le réseau. La surveillance mondiale effectuée par le gouvernement américain est ainsi très bien installée, et depuis de longues années. Et les États-Unis ne souhaitent nullement abandonner ce privilège qui leur permet de récupérer de nombreuses informations leur assurant une puissance que seule la Chine essaie de leur disputer. Mais cette chasse aux matériels chinois est également motivée par des raisons économiques.

La mise en place de toute cette infrastructure a déjà été effectuée dans le cadre de l'Internet et de la 4G, et elle ne fait que se renforcer avec la 5G. Le retour en arrière est impossible sans provoquer une incompréhension totale et une vision négative du progrès. Il faut une législation forte et des pénalités à la hauteur des dépassements des limites envisageables. L'Europe s'est d'ores et déjà dotée de lois comme le Règlement général sur la protection des données (RGPD) qui, même si des dépassements persistent, est un frein à cet espionnage incessant. Malheureusement, ces lois ne sont en vigueur que sur notre continent, et pour les détourner il suffit de placer les centres de données qui récupèrent les flots des clients hors du territoire européen. En effet, les autres continents se refusent à voter une telle loi, souvent sous la bannière de la liberté !

L'espionnage est donc un phénomène inexorable, et il faut s'y faire, sauf à choisir de vivre dans un environnement sans aucune couverture radio... qui disparaîtra de toute façon avec les accès 5G par satellite, à partir de 2025. La meilleure voie à suivre est d'éviter le plus possible de répondre aux demandes d'informations et de ne remplir des documents sur Internet que quand c'est absolument indispensable, sans en rajouter de sa propre initiative. C'est une décision difficile à prendre, car elle implique de renoncer à des solutions qui simplifient la vie, en attendant des lois applicables au niveau mondial limitant la récupération d'informations... Mais cela tient du rêve. Une troisième solution serait de tout chiffrer, quelle que soit l'information, texte, photo, vidéo, avec une clé secrète de chiffrement suffisamment longue pour que même les machines les plus puissantes ne puissent pas la craquer. Les sites Web seraient également chiffrés pour que seule la personne détenant les bonnes clés puisse les consulter. C'est en effet tout à fait réalisable, mais nécessiterait que chaque utilisateur détienne un catalogue de clés secrètes. Car il est déjà difficile de retenir quelques mots de passe courts, et se rappeler quelques centaines de suites de caractères est tout simplement impossible. On réfléchit donc à la possibilité de consulter ce catalogue en utilisant des équivalents de cartes bancaires, beaucoup plus petites… Cependant, pour le moment, le surcoût lié à la sécurité des informations est jugé insurmontable.

Le monde devient un grand village

Avec la 5G, le monde devient un grand village, où deux personnes séparées par des milliers de kilomètres peuvent discuter comme si elles étaient l'une à côté de l'autre. La communication par la 5G s'effectue sans aucun décalage, le son numérique se propage à la vitesse de la lumière. La distance n'a plus d'impact sur la qualité de la communication. Ce résultat n'était que très partiellement atteint avec la 4G, et l'on percevait un retard dû à la distance. La communication 5G peut s'effectuer non seulement avec la parole mais également avec la vidéo. Les murs de présence, ou murs interactifs, devraient se développer, permettant à deux familles, de part et d'autre de l'océan, par exemple, de déjeuner ensemble comme si elles étaient à la même table. Ces murs sont des écrans utilisant une vidéo interactive aussi appelée « sans contact », car l'utilisateur n'a pas besoin de toucher physiquement les personnes à distance pour interagir avec elles. Des capteurs de présence permettent de reproduire le son et on « entend » les gens se déplacer dans la pièce distante en même temps qu'on les voit changer de place. Ces équipements existent depuis déjà quelque temps, mais ils nécessitent des communications très spécifiques et particulièrement onéreuses car les débits nécessaires excèdent largement ceux de la 4G. La 5G marquera le véritable démarrage de ces applications spectaculaires.

Ce nouveau genre de communications donne l'avantage de pouvoir entrer en contact avec un plus grand nombre de personnes partout dans le monde. Cela permettra de mieux connaître de nombreuses cultures, même si le risque de les faire disparaître par un excès d'uniformisation existe bel et bien.

La pandémie de coronavirus a vu se développer de nouveaux outils de communication qui ont accentué cette notion de grand village mondial. En particulier, la visioconférence s'est fortement démocratisée alors qu'il s'agissait d'une application peu utilisée et dont le coût, pour avoir une qualité équivalant à une rencontre en tête à tête, était prohibitif. Dans cette démocratisation, les centres de données ont joué un rôle majeur – non pas ceux des opérateurs, mais ceux des grands industriels du Web. C'est la 5G qui ouvrira la voie aux opérateurs pour offrir des visioconférences, voire des murs de présence, avec le débit et la qualité nécessaires pour une interaction naturelle.

La fourniture de Cloud s'appuyant sur les centres de données représente l'un des seuls domaines où la croissance a été forte pendant le premier semestre 2020. Les opérateurs 5G peuvent prendre le relais s'ils décident de travailler encore tous ensemble, ce qui semble le cas, pour ne pas voir les grands industriels du Web continuer à dominer – ils peuvent même espérer les remplacer pour le traitement des données.

Les réseaux sociaux constituent déjà une avancée vers cette globalisation. Et la 5G n'apportera pas grand-chose de plus dans ce domaine, les débits étant faibles sur ces applications, sauf si la vidéo se développe énormément et que toutes les photos sont remplacées par des vidéos de très haute définition. La 5G peut également favoriser la multiplication des manifestations de grande ampleur, tels les apéritifs géants rassemblant des milliers de personnes dans le monde. Ces réunions deviennent de plus en plus fréquentes, avec souvent une thématique commune, mais il faut attendre la 5G pour qu'une grande qualité d'image soit aussi au rendez-vous.

Cependant, ces nouvelles applications sont-elles vraiment importantes ? Oui, certainement, mais elles ne sont pas capitales, et il serait dommage de ne rattacher les apports au monde de la technologie 5G qu'à ce type d'applications. La 5G va bien au-delà. En particulier, l'industrie 4.0 permettra des avancées en matière d'optimisation de la production et de distribution des biens – même si l'on peut reprocher à ces nouveaux processus de favoriser la société de consommation en multipliant à l'extrême les possibilités d'acquérir des biens en tout genre.

Une fois de plus, on observe que la facette la plus dangereuse de la nouvelle génération de réseaux de mobiles 5G est en étroite relation avec les centres de données, qui dans quelque temps pourraient bien gérer les humains et non l'inverse. Une notion déjà plus que palpable dans le domaine écologique, on l'a vu, et dont nous développerons d'autres aspects encore dans cet ouvrage. La question est de savoir jusqu'où les centres de données peuvent nous aider sans empiéter sur notre vie privée. Mais il faut probablement plutôt prendre le problème à l'envers, et déterminer d'abord les limites de la vie privée qui ne doivent être franchies sous aucun prétexte, pour interdire ensuite toute fonction qui permettrait de passer outre.

La fracture numérique va-t-elle encore s'agrandir ?

La fracture numérique est l'écart qui se creuse entre les personnes ayant accès au numérique et les autres. Cela fait des années que les gouvernements cherchent à réduire cet écart, mais les solutions proposées, comme le « new deal » négocié en 2018 entre l'État et les opérateurs pour prendre en charge les zones blanches, n'y parviennent pas vraiment. Or la 5G ne fera qu'accentuer cette fracture. Cette nouvelle génération s'accompagne de l'arrivée de produits haut de gamme souvent difficiles à appréhender et à manipuler – la simplicité n'étant pas le point fort des produits du numérique, malgré les discours édifiants de nombreux industriels. L'intelligence artificielle, une fois domptée, apportera peut-être cette simplicité, en indiquant par la voix comment manipuler la machine connectée. Mais aujourd'hui, même si les progrès sont indéniables, le recours à l'intelligence artificielle pour simplifier l'interface avec la machine est loin d'être satisfaisant.

Autre problème, la portée des émetteurs diminuant avec la 5G, il faudrait ajouter de nombreuses antennes dans les régions rurales pour couvrir les zones de populations relativement isolées. Mais la difficulté d'y apporter une fibre optique rendrait le coût de cette opération, répercuté sur la facture des clients, prohibitif. Les progrès technologiques pourraient cependant apporter une solution, et permettre de remplacer la fibre optique par des communications directes entre les antennes, comme cela est schématisé à la figure 5.1.

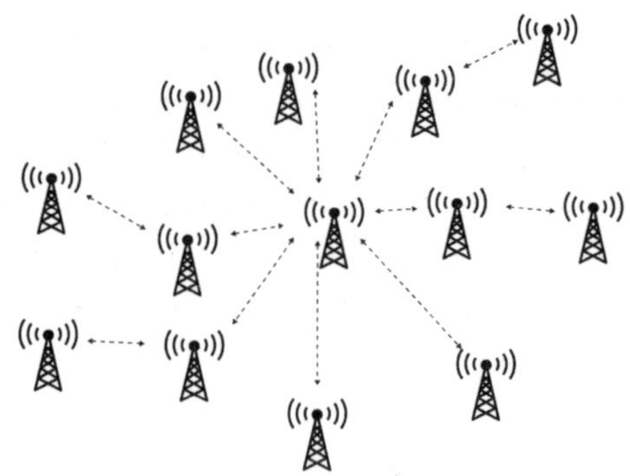

Figure 5.1 – Une solution pour diminuer le coût lié à la réduction de la fracture numérique

L'espoir d'assister à une réduction de la fracture numérique est repoussé de quelques années, et repose sur le développement d'une communication directe entre antennes, ou l'utilisation par la 5G de satellites offrant un accès à tous, où qu'ils se trouvent. Il est vrai que la technologie 5G n'est pas intrinsèquement destinée à réduire la fracture numérique, au contraire, puisqu'il faut plus d'antennes et que leur installation fait grimper la facture dans les régions rurales. S'ajoute à cela le fait que les opérateurs, soucieux d'amortir leurs investissements, ne sont guère favorables à cette mise en place extrêmement coûteuse pour ne desservir que quelques clients. Seul l'État essaie, par la négociation, de pousser à une couverture complète du pays, ce qui est ressenti comme un impôt supplémentaire par les opérateurs.

L'automatisation par la 5G et l'impact sur la société

La 5G et ses centres de données sont au cœur de nombreux processus d'automatisation qui changeront les comportements. Le premier que l'on peut citer est une conquête importante : la conduite automatisée des véhicules. C'est grâce à la vitesse de réaction de la 5G, qui descend à une milliseconde, que cette nouvelle fonction est aujourd'hui possible. La figure 5.2 décrit cette propriété qui permet au signal d'effectuer le trajet entre un véhicule et le centre de données puis le retour vers le deuxième véhicule en moins d'une milliseconde.

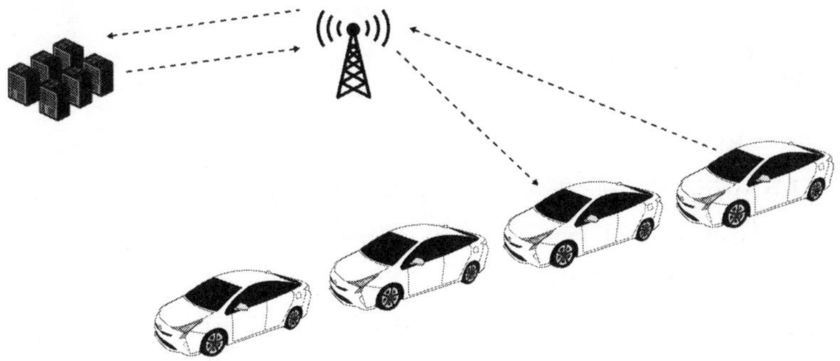

Figure 5.2 – Le temps de réaction de la 5G

La prise de décision au volant n'est plus l'apanage des conducteurs, mais de logiciels situés dans les centres de données. Ce qui pose le problème de la responsabilité des actions de ces logiciels. Prenons l'exemple d'une voiture connectée roulant sur une route à deux voies, avec deux véhicules arrivant en face, l'un ayant quatre personnes à bord, en train d'en doubler dans un virage un autre, avec une seule personne à bord allant tranquillement son chemin. Sachant que la collision est inévitable, que décidera le logiciel ? Il freinera, bien sûr, mais il n'évitera pas l'accident, et il choisira de tuer une seule personne au lieu de quatre. Qui est responsable de cette décision ? Est-ce celui qui a créé le logiciel ? Est-ce le constructeur du véhicule ? Est-ce son propriétaire ? On voit à travers cet exemple que des modifications profondes en matière de responsabilités doivent être étudiées. Des groupes d'étude de juristes se réunissent régulièrement pour tenter d'apporter des compléments au Code civil, mais les coûts potentiels énormes qui devront être supportés par certains secteurs industriels ralentissent fortement ces évolutions.

La 5G contrôlera également les processus industriels qui seront, avec la généralisation de cette nouvelle génération appelée industrie 4.0, totalement automatisés, de la fabrication de véhicules à l'impression automatique de livres directement commandés par le consommateur. Elle entraînera la disparition de nombreux postes de travail. Une problématique qui n'est pas nouvelle mais qui s'amplifiera de façon considérable avec la 5G, même si celle-ci devrait créer 20 millions d'emplois dans le monde. La balance à court et moyen termes est sûrement très favorable à l'emploi, pourtant à très long terme, elle le sera beaucoup moins, et pourrait même être défavorable. À moins que ne soit instaurée entre-temps la semaine de 28 heures, pour absorber ce déficit. En revanche, les nouveaux emplois auront une qualification très supérieure à ceux qui disparaîtront.

La santé constitue un autre sujet d'étude majeur dans le cadre de la 5G. De nombreux projets de recherche et développement intitulés « santé-5G » montrent un potentiel important dans ce domaine. Tout d'abord, le très faible temps de latence de la 5G permettra de privilégier l'emploi d'applications de surveillance médicale et la chirurgie à distance. La qualité de la communication en 5G favorisera le recours à des applications de consultation médicale à distance, vers une médecine virtuelle, réalisée par un système intelligent placé dans un centre de données. Cela est déjà testé, et les résultats s'améliorent rapidement grâce à la puissance du Big Data et aux corrélations innombrables que tissent ces environnements. Sur cette question, il n'y a pas de fort problème d'éthique : on sait que l'humain sera dépassé par les cerveaux numériques. En revanche, il faut interdire toutes les études visant à établir des corrélations qui pourraient être monnayées, telles qu'un lien entre l'état de santé et le coût d'une assurance. La connaissance du génome d'un individu ne doit pas être un facteur d'augmentation de son assurance. Mais comme la 5G permettra de croiser des données mondiales de plus en plus nombreuses, cette interdiction sera difficile à mettre en place, d'autant plus que plusieurs sociétés, dont certaines parmi les plus grosses et les plus connues, se sont déjà lancées dans cette direction en utilisant le génome humain pour mener des expériences dont l'éthique est très discutable.

L'Internet des objets apporte également des changements fondamentaux au quotidien. Avec la 5G, on l'a vu, le nombre d'objets connectés de chaque individu augmente énormément. Aux deux ou trois que l'on utilise aujourd'hui, comme un bracelet sportif ou une montre connectés, vont s'ajouter une multitude d'éléments dans tous les domaines de la vie de tous les jours : santé, travail, déplacements, vacances, jeux, etc. Ces objets seront directement connectés sur notre smartphone, mais encore plus souvent sur l'antenne 5G, et le flot de données sera analysé dans le centre de données avant d'arriver avec les informations importantes dans notre smartphone.

Les villes intelligentes (*smart cities* en anglais) constituent une des grandes applications de la 5G. La cité utilisera les technologies de l'information pour y intégrer des systèmes intelligents capables d'améliorer la qualité des services urbains et, par voie de conséquence, la qualité de vie de ses habitants. Cette intelligence est obtenue grâce à des capteurs qui collectent toutes les données possibles et imaginables à l'intérieur de la ville. À partir de l'ensemble de ces données, provenant des habitants, des dispositifs de captage, des systèmes de transport et de distribution, etc., et avec un traitement adéquat toujours de type Big Data, il est possible de tirer des optimisations comme le meilleur moyen de transport pour aller d'un point à un autre, une distribution intelligente du courrier, le contrôle des véhicules, une gestion optimisée des poubelles, un relevé automatique des compteurs, etc.

La 5G apporte toute l'infrastructure numérique indispensable pour réaliser une ville intelligente, avec ses accès aux objets, les hauts débits pour les processus plus complexes et toute la puissance des centres de données pour réaliser les analyses de Big Data. L'environnement 5G apporte, lui, les composantes nécessaires pour créer les multiples services de la ville intelligente.

La 5G joue également un rôle important dans le domaine du divertissement. Le plus simple consistant à regarder une vidéo à la demande, que ce soit sur un grand écran ou sur celui d'un ordinateur portable. Mais avec la 5G, on passe à la visualisation sur les tablettes et, surtout, sur les smartphones – une tendance qui s'accentue grâce au streaming haute définition. Télécharger les vidéos 4K ne prendra que quelques secondes, avec une qualité inédite de l'image et du son.

Ce réseau ultrapuissant favorisera aussi la retransmission d'événements en direct et en continu, la télévision en haute définition devenant accessible sans interruption depuis un appareil mobile. Le monde de l'audiovisuel sera rapidement bouleversé par cette intégration de l'image et du son comme une application des opérateurs de télécommunications. L'industrie du divertissement mutera vers ces nouveaux moyens de transport très haut débit intégrant les applications de l'audiovisuel avec d'autres applications informatiques.

La 5G, capable de mobiliser un grand volume de données pour créer des expériences vraiment immersives, offrira aussi une nouvelle expérience du jeu vidéo, de la réalité virtuelle ou augmentée. La réalité virtuelle est essentiellement une technologie informatique qui simule la présence physique d'un utilisateur dans un environnement artificiellement généré par des logiciels. Une interaction de l'utilisateur modifie l'environnement de façon dynamique. La réalité augmentée est un concept différent, où l'on ajoute des éléments, un texte, un son, une odeur dans un environnement réel pour expliquer, amplifier et enrichir la réalité.

La réalité virtuelle permet de vivre une expérience d'immersion dans un monde totalement numérique. Pour atteindre le volume d'informations nécessaire pour créer ce monde virtuel, les débits arrivant dans le casque vont de 25 à 600 mégabits par seconde. Le temps de latence doit être de moins de 20 millisecondes. Ces débits et cette latence nécessaires pour avoir de très bonnes sensations sont accessibles à une connexion 5G. La fibre optique peut parfaitement atteindre ces valeurs mais le casque est bridé par le fil. La 5G libère la réalité virtuelle qui devrait devenir une application beaucoup plus accessible.

Une dernière application, en passe d'être révolutionnée par la 5G, concerne le contrôle des réseaux ferroviaires. Pour le moment, c'est le système GSM-R (R pour rail) qui assure ce contrôle, mais il est vieillissant. Les services à prendre en charge sont très divers. Les variations de température des rails comptent parmi les plus significatifs. Si celle-ci passe au-dessus d'une trentaine de degrés, un risque de dilatation se présente. À l'inverse, si la température est trop basse, les rails peuvent se rétracter et casser. Aujourd'hui, la détection des déformations s'effectue avec une rame spéciale qui, tout en roulant, prend des mesures de la géométrie des rails, de la réactivité de la signalisation, des communications du train vers des points fixes, de la continuité du courant d'alimentation, de l'usure et de la tension de la caténaire, etc. Les défaillances donnent lieu à des travaux qui perturbent fortement le trafic. Le déploiement d'un réseau 5G spécialisé pourrait prendre en charge toutes ces mesures grâce à des capteurs connectés et les regrouper dans les centres de données des opérateurs de télécommunications. Cette solution permettrait une réaction en temps réel évitant des incidents et de longues réparations. De plus, ce nouvel environnement serait complètement intégré en utilisant les différents points forts de la 5G.

Dresser la liste des nouvelles applications que permettra la 5G grâce à la rapidité de son débit, son très court temps de latence et la puissance des centres de données demanderait de nombreuses pages. Certaines s'inscriront dans la continuité, avec une meilleure qualité. D'autres constitueront de réelles innovations qui ne manqueront pas de bouleverser les habitudes. La question cruciale reste la même : que demanderons-nous aux centres de données ? Le réseau 5G apporte toutes les données disponibles partout, instantanément, à des systèmes intelligents. En 2020, ces systèmes sont encore bien maîtrisés, quoique l'on ne sache souvent plus comment un résultat a pu être obtenu tout en pouvant affirmer qu'il y a une forte probabilité que ce résultat soit correct. Huawei, qui est sûrement l'un des industriels les plus avancés dans ce domaine, produit des courbes montrant que la réalisation d'un cerveau avec 100 milliards de neurones, comme le nôtre, sera achevée en 2056. Il serait possible d'y parvenir aujourd'hui du point de vue de la puissance globale en faisant travailler ensemble une bonne partie des centres de données de la planète. Mais la puissance consommée serait identique à celle d'une centaine de centrales nucléaires, et il manquerait une bonne partie de l'algorithmique de fonctionnement des neurones. En comparaison, le cerveau humain a une puissance de 20 watts, tient dans une tête et ne chauffe quasiment pas. Les progrès à faire semblent donc aussi prodigieux qu'impossibles. Eh bien non : ils sont pratiquement programmés dans les années qui viennent ; leur issue sera peut-être décalée d'une dizaine d'années en avant ou en arrière, mais le match est déjà gagné. Tout cela présente des problèmes d'éthique sérieux qui doivent diriger les évolutions non vers des systèmes centraux mais vers des systèmes périphériques fortement distribués chez les utilisateurs que chacun d'eux devra pouvoir débrancher pour protéger son environnement.

Les embouteillages du ciel

La 5G se déploiera dans les airs à partir de 2023, par l'intermédiaire de constellations de satellites, un très grand nombre de satellites qui ressembleront à une constellation d'étoiles naturelles espacées à intervalle régulier. Une constellation de satellites est représentée à la figure 5.3.

Ces constellations permettront de couvrir toute la surface de la Terre, et en particulier les régions déshéritées où la fracture numérique s'intensifie. Les problèmes posés par ce nouveau mode d'introduction de la 5G se classent en deux grandes catégories : le nombre de satellites à lancer dans le ciel et la puissance des communications pour permettre au signal de parcourir plusieurs centaines de kilomètres, heureusement sans obstacle.

Figure 5.3 – Constellation de nano-satellites 5G

La première constellation de nano-satellites 5G devrait être mise en orbite à partir du début 2022 et être opérationnelle en 2023. Il s'agit de 20 000 satellites de très petite taille, un peu plus grands qu'une boîte à chaussures, avec des ailes photovoltaïques, comme illustré à la figure 5.4.

Figure 5.4 – Comparaison d'un nano-satellite avec ses ailes déployées à une boîte à chaussures

Cette constellation est petite en comparaison de celle lancée par SpaceX, qui devrait en compter 45 000, mais sans compatibilité avec la 5G. Cette non-compatibilité est regrettable, seulement la constellation a été conçue avant l'arrivée de la 5G. Elle demandera l'utilisation de techniques propriétaires – et non open source, c'est-à-dire disponible sur l'Internet – qui risquent d'emprisonner les utilisateurs dans des solutions ne fonctionnant que dans le cadre de SpaceX. Deux autres constellations supplémentaires de plus de 10 000 satellites sont également au programme d'entreprises américaines, et elles ne sont pas non plus compatibles avec la 5G pour la même raison. On note une espèce de précipitation pour prendre sa place dans le ciel. Il y aura sûrement des perdants, et peut-être même aucun gagnant, tellement cette technologie est complexe à mettre en place. Déjà Bill Gates, le fondateur de Microsoft, s'était cassé les dents il y a quelques années, avec sa constellation Teledesic qui ne comptait pourtant que 800 satellites.

Les communications entre satellites qui se déplacent à une vitesse de l'ordre de 2 kilomètres par seconde lorsqu'ils sont à 700 kilomètres d'altitude sont difficiles à réaliser et nécessitent un pointage ultraprécis. Les communications avec la Terre demandent également des puissances importantes pour un débit faible en comparaison du coût des antennes terrestres. Ce serait malgré tout une solution pour que les habitants des zones blanches aient enfin une connexion avec des débits satisfaisants. La réussite de ce projet permettrait de faire disparaître la fracture numérique. Les zones isolées ou mal couvertes, les bateaux, les îles auraient la chance de pouvoir se développer plutôt que de devenir des zones mortes.

La première constellation 5G sera essentiellement dévolue à l'Internet des objets, qui pourront ainsi se multiplier. La figure 5.5 montre quelques-uns de ces objets qui évolueront grâce à l'intelligence apportée par les centres de données 5G.

Figure 5.5 – Quelques objets connectés sur les constellations 5G

Les satellites sont minuscules et ils émettent avec des puissances de l'ordre de 20 watts pour chaque transpondeur, un miroir qui renvoie le signal dans une autre direction. Les téléphones satellites possèdent une antenne visible et plus grande que celle de nos smartphones. Cette taille est nécessaire pour récupérer des signaux très affaiblis par la distance à parcourir. Les trois constellations non 5G, dont SpaceX, ont aussi pour but de connecter des objets en plus des individus, mais leur réelle finalité reste malgré tout relativement mystérieuse. L'espionnage pourrait faire partie des applications, avec la connexion à des portes dérobées de centres de données ou d'autres équipements primordiaux...

Le lancement de ces constellations a fait couler beaucoup d'encre, et ceux qui y sont opposés ont plutôt de bons arguments, qui mettent en avant le gâchis technologique que représentent ces systèmes extrêmement complexes à mettre en œuvre et finalement assez peu puissants.

De 2 000 satellites en orbite au début de 2020, on pourrait passer en 2030 à près de 100 000. L'espace, avec ses trois dimensions, sera loin d'être saturé physiquement, mais ce sont plutôt les fréquences qui viendront à manquer, surtout à cause des smartphones qui n'utilisent qu'une faible directivité et risquent de produire beaucoup d'interférences.

Le ciel va changer, puisqu'aux 10 000 vraies étoiles visibles à l'œil nu dans l'hémisphère Nord s'ajouteront ces 100 000 satellites tout aussi visibles la nuit, nous empêchant de reconnaître les vraies constellations. Évidemment, cette modification du ciel a fortement ému bien des gens, dont les astronomes. Elon Musk et Jeff Bezos, les propriétaires des constellations SpaceX et Kuiper System, qui compteront à terme 50 000 satellites, ont promis de trouver une solution pour rendre leurs satellites invisibles, peut-être en en recouvrant la surface de mousse noire. Tiendront-ils leur promesse et la mousse résistera-t-elle ?

L'addiction à la 5G

Il est difficile de parler d'addiction à la 5G, puisque cette génération n'existe pas encore. Mais si on se réfère aux générations précédentes, l'addiction aux smartphones est déjà très présente. Dans le métro parisien, plus d'une personne sur deux a un smartphone entre les mains. À Séoul, on atteint 90 % de voyageurs manipulant leur smartphone. Même dans les pays les plus pauvres, les smartphones sont innombrables. Cet accès à toutes sortes d'informations et les relations humaines que permettent ces appareils, la 5G ne fera que les renforcer, avec toujours plus de possibilités de communication et de données disponibles.

Autrefois, les discussions en temps réel advenaient uniquement quand les gens étaient au même endroit, puis le téléphone a augmenté la portée des communications ; plus tard, Skype a introduit la visioconférence. Bientôt, la qualité de la vidéo sera celle d'une télévision haute définition. Les réseaux sociaux ont apporté une dimension supplémentaire en étendant les relations à des personnes que l'on n'aurait jamais rencontrées autrement. La 5G introduit une qualité haut de gamme, avec une interaction humaine comme dans la vie, quand la 4G a un temps de latence plus important dû à une transmission plus lente. La réalité virtuelle nous donnera l'impression d'être auprès d'un correspondant pourtant à plusieurs milliers de kilomètres.

La technologie transforme les échanges et introduit de nombreuses applications pratiques utilisables à toute heure du jour et de la nuit. Évidemment, la 5G ne permet pas d'essayer une chemise... quoique des applications soient capables de réaliser cette action virtuellement et que, avec de bonnes mesures, la probabilité de choisir la bonne taille soit plutôt forte.

L'ubérisation des services se poursuivra en s'accélérant, avec toujours plus de détails et de précisions. Peut-être que de nouveaux services apparaîtront, permettant par exemple de visiter un pays en réalité virtuelle, déjeuner avec des amis se trouvant à des milliers de kilomètres en dégustant exactement les mêmes plats, visiter dans le détail des maisons à vendre sans bouger de chez soi...

Le problème demeure l'addiction qui vous empêche de lâcher le smartphone ou vous oblige à vous précipiter au moindre son, que ce soit une notification ou un signal d'appel. Tout cela devient prioritaire, que l'on soit seul ou non. Des cliniques essaient de soigner ce genre d'addiction, mais il est rare que le malade ne replonge pas rapidement dans l'extase de posséder un appareil aussi remarquable.

Les conspirations autour de la 5G

Les conspirationnistes font de la 5G l'un de leurs supports les plus inquiétants. Par exemple, le Covid-19 aurait été apporté par les premières antennes 5G, et la destruction des antennes par le feu serait nécessaire pour éviter la propagation du virus. Certains vont même beaucoup plus loin, en affirmant que non seulement la 5G aurait apporté le virus, mais que le vaccin contre le virus permettrait d'inoculer une puce 5G sous la peau des habitants de la Terre pour pouvoir les contrôler.

Pourquoi ce choix de la 5G en tête de liste des éléments dont se servent les conspirateurs ? Une première réponse consiste à évoquer un mauvais timing : l'installation des premières antennes correspond à peu près à l'arrivée du Covid-19. De plus, ces premières antennes ont été déployées en Chine, en Corée du Sud et au Japon, qui ont été parmi les tout premiers touchés. Heureusement pour ces trois pays, les masques, que par habitude les habitants de ces régions portent pour arrêter la propagation des maladies infectieuses, seraient capables d'arrêter les ondes 5G, ce qui aurait permis à leurs habitants de n'être que relativement peu touchés par le Covid-19 !

L'Iran a été aussi un des premiers pays où le virus s'est installé, mais comme les Iraniens ne portaient pas de masques pour arrêter les ondes, il a été plus durement touché ! À en croire les conspirateurs, la relation de cause à effet est simple : peu d'ondes, peu de virus, beaucoup d'ondes, beaucoup de virus, et le cheminement du Covid-19 à travers le monde le prouverait. Bizarrement, je ne suis pas arrivé à cette conclusion…

La deuxième réponse est le nombre d'articles contre la 5G, évoquant sa dangerosité, son coût écologique, son inutilité, etc. Cette campagne anti-5G est suffisamment bien orchestrée pour faire peur et pousser à des actions de destruction des premières antennes. Il est regrettable que beaucoup de ces articles utilisent des arguments totalement absurdes, qui en déconsidèrent immédiatement les auteurs, comme la dangerosité des antennes tandis que les smartphones seraient inoffensifs – alors que c'est l'inverse – ou bien les risques mortels qu'entraînerait l'augmentation du nombre des antennes – alors que c'est également l'inverse, plus il y a d'antennes et moins elles sont dangereuses –, quand ils ne confondent pas les ondes radio et les ondes gamma. Quelques articles bien documentés avancent néanmoins des arguments contre la 5G qui donnent à réfléchir et qui devraient être pris en considération par les autorités. Mais le mal est fait par une minorité opposée par principe à toute avancée technologique.

Une troisième réponse est sûrement l'enthousiasme exacerbé des pro-5G, qui semblent ne se poser aucune question, ce qui a eu le don d'irriter une partie de la population.

Le véritable danger de la 5G concerne la protection des données personnelles

Au fil de ce chapitre, on a bien vu l'immense impact que ne manquera pas d'avoir la 5G sur la société, avec des aspects positifs et d'autres qui le seront beaucoup moins. Ne garder que le côté positif ne peut pas devenir une réalité. Il faudra vivre avec le négatif tout en essayant de le contrôler en permanence pour éviter le pire…

Car cette nouvelle génération a potentiellement un gros défaut qui n'est que très rarement évoqué par les anti-5G : celui du traitement des données qui peut remettre en question la protection de la vie privée. La question alors n'est pas de dépenser des fortunes pour arriver à mettre en place un réseau 5G possédant des niveaux d'ondes électromagnétiques équivalant à un chuchotement sonore ou à une vision en gris sombre, comme le réclament les opposants à la 5G, mais de trouver des solutions face à la mainmise possible des opérateurs de centres de données, opérateurs de télécommunications et fournisseurs de services.

6

Les dangers économiques

Les prévisions de la croissance économique due à la 5G sont à peine croyables. De nombreuses études se succèdent et, même si les résultats sont parfois assez différents, elles affichent toutes des gains vraiment considérables. Sur les dix prochaines années, les prévisionnistes avancent des chiffres de l'ordre de 12 000 milliards de dollars, dont plus de 2 000 milliards pour la Chine et 1 500 milliards pour les États-Unis. La France arrive assez loin derrière, avec 200 milliards, mais rapporté au nombre d'habitants, elle serait toutefois mieux placée que la Chine. Le nombre d'emplois créés serait de 10 millions en Chine, 4 millions aux États-Unis et 400 000 en France – à comparer avec les 260 000 emplois créés en France en 2019.

L'industrie manufacturière serait de loin la plus concernée par l'impact de la 5G, suivie de l'informatique et des télécommunications, puis du secteur automobile, de la vente au détail et en gros. Un peu plus loin se trouvent les services publics, la construction et enfin les services financiers et les assurances. Nous avons détaillé cet impact sur l'économie mondiale à la figure 6.1.

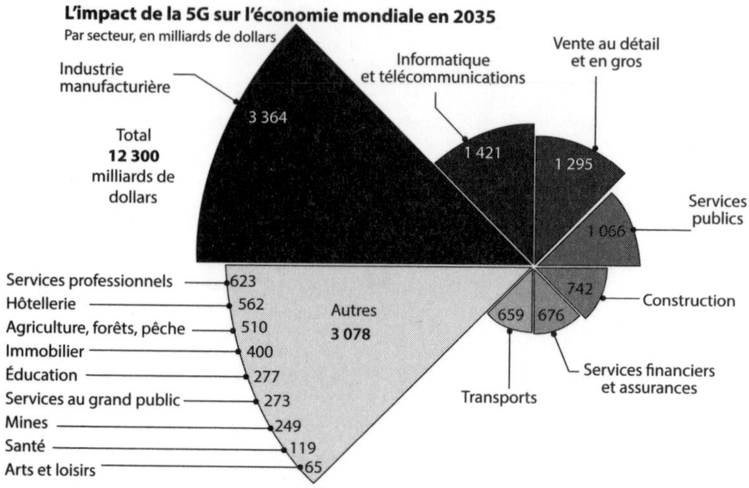

Figure 6.1 – Les impacts économiques de la 5G (Source : Les Échos, IHS.*)*

La guerre économique liée à la 5G

La 5G est la rampe de lancement d'une fusée marquant un bond technologique qui rendra presque caduques les générations précédentes. Cette course pour arriver le premier à implanter cette nouvelle génération de services a démarré doucement en 2019 et atteindra son paroxysme vers 2025. Les obstacles dressés par les deux grandes puissances économiques que sont les États-Unis et la Chine, pour à la fois capter la plus-value et vendre matériel et services, font les beaux jours de la presse. L'Asie et ses géants technologiques Samsung, LG, Sony, et en particulier les deux entreprises chinoises Huawei et ZTE, sont en tête de la compétition, avec une avance de six mois à un an sur les équipementiers européens et américains. Cette avance technologique se matérialise également dans les coûts pratiqués, qui sont facilement de 20 % inférieurs à ceux des autres industriels.

Les Européens possèdent deux des quatre ou cinq compagnies capables de réaliser des projets 5G complets : Ericsson et Nokia. Les Américains maîtrisent la technologie et les composants nécessaires pour réaliser des produits très performants, avec Qualcomm en tête. C'est la raison du refus de Donald Trump à la proposition d'achat de cette compagnie par Broadcom, qui en 2018 avait son siège à Singapour et qui s'est d'ailleurs relocalisée à Irvine, aux États-Unis, mais trop tard ! Le nombre très restreint de grandes entreprises qui ont pu investir plusieurs dizaines de milliards d'euros limite la compétition. Ces sociétés forment les champions de leur pays, si l'on considère l'Europe comme un pays. Les États se livrent à une défense de leurs entreprises leaders en attaquant directement les champions des autres pays, avec évidemment des nuances selon leurs liens d'amitié ou d'inimitié.

L'exemple le plus flagrant est l'attitude du gouvernement américain envers la société Huawei pour l'empêcher de prendre le leadership mondial des installations de matériels 5G. Huawei était destiné à récupérer les deux tiers du marché mondial, tant par son avance technologique que par le coût de ses équipements. Les raisons de ce rejet sont à la fois économiques et politiques. En guise d'arguments indiscutables, les États-Unis ont avancé le principe de l'indépendance nationale et l'espionnage que permettraient ces matériels.

Il est tout à fait exact que l'installation des centres de données et la prise en charge de leur maintenance constituent un avantage non discutable sur la maîtrise des données et la récupération d'informations pouvant être redirigées vers des centres de données nationaux. Les équipements en aval des centres de données des opérateurs, comme les antennes, peuvent évidemment posséder des portes dérobées, comme le montre la figure 6.2. Il s'agit d'accès non protégés de l'extérieur intégrés assez profondément dans le matériel pour ne pas être détectables. Les flots sortant par ces portes dérobées doivent en principe passer par le centre de données, qui devrait pouvoir les détecter avec des équipements qui traquent les flots dont le nom technique est DPI (*Deep Packet Inspection*). Pour éviter cette détection, il faudrait trouver des solutions détournées afin d'obtenir les flots des clients espionnés sans transiter par le centre de données de l'opérateur. Cela peut donner naissance à des solutions compliquées, passant par des satellites espions, des avions de type AWACS (*Airborne Warning And Control System* : système de détection et de commandement aéroporté, ou SDCA en français), des ballons de haute altitude ou même des drones. Les plus utilisés sont les satellites espions situés entre 400 et 800 kilomètres d'altitude. Mais ils peuvent toujours être détectés par qui s'en donne les moyens.

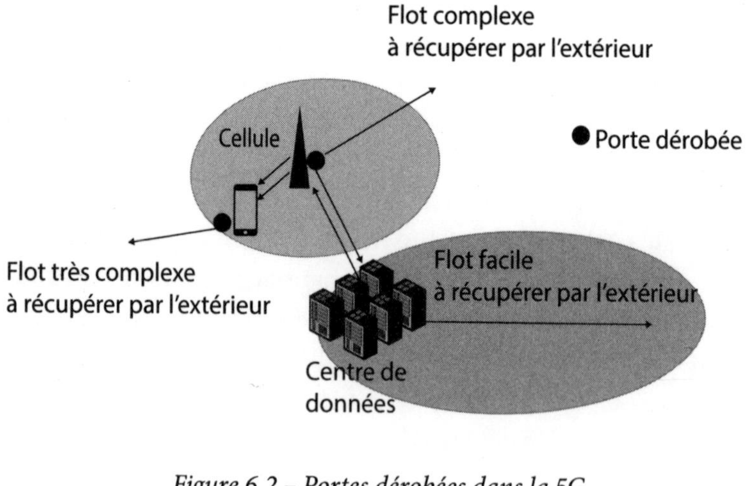

Figure 6.2 – Portes dérobées dans la 5G

Il faut bien comprendre que tous les matériels ont des portes dérobées pour la maintenance à distance. Ces portes peuvent être protégées pour que seul le vendeur qui effectue cette maintenance y ait accès. Leur emploi est bien spécifié pour que l'acheteur en soit conscient. Elles peuvent également être ajoutées dans le matériel ou le logiciel au moment de leur déploiement, et n'être utilisées que bien plus tard à des fins d'espionnage. Certaines compagnies en cachent quelques-unes qui leur permettent d'espionner pour des raisons commerciales. Ces ouvertures ne sont pas l'apanage des Chinois, l'ensemble des équipementiers y recourent, avec plus ou moins de concertation avec leur gouvernement. La NSA a pu espionner le monde entier, jusqu'aux téléphones des chefs d'État, à travers un grand nombre de portes dérobées des industriels américains et des opérateurs de télécommunications.

Globalement, les grands gagnants concernant la 5G ne seront pas seulement les États dont les industriels commercialiseront des antennes, ce seront surtout ceux qui fourniront les centres de données qui forment le cerveau de la 5G. Les industriels derrière cette intelligence ne sont pas vraiment des spécialistes du matériel, mais du logiciel ou, encore mieux, de l'alliance du matériel et du logiciel. L'objectif repose sur l'obtention de puissances énormes permettant de gérer les données du Big Data en temps réel. À cette application de base doivent s'ajouter tous les outils de l'intelligence artificielle, en particulier les systèmes d'apprentissage et d'analyse gérant les grandes masses de données.

La compétition industrielle au travers de la 5G

La compétition industrielle a pris son élan avant même que la 5G ne soit déployée. L'importance de cette nouvelle génération a bien été comprise par les gouvernements, qui essaient d'avancer à marche forcée. En 2019, la société chinoise Huawei est arrivée la première sur le marché, avec des équipements de bonne qualité et des coûts abordables. Le président des États-Unis a réagi immédiatement, en repoussant ce qu'il considérait comme une attaque économique qui aurait permis à Huawei de conquérir presque entièrement le marché mondial de la 5G, avec tout à la fois les équipements de télécommunications, les réseaux d'accès associés au Cloud et le réseau cœur. Huawei possède l'avantage d'être presque le seul industriel parfaitement placé sur les trois marchés en même temps, radio, accès et cœur. La raison invoquée contre Huawei et ses solutions pourtant parfaitement adaptées aux marchés de la 5G est le lien de cette entreprise à l'État chinois. Elle était soupçonnée de vouloir remplacer les industriels du GAFAM avec le concours des autres grandes entreprises chinoises bien installées dans les secteurs des réseaux de mobiles. Ces industriels forment le BATX (Baidu, Alibaba, Tencent, Xiaomi) et constituent en quelque sorte un contre-pouvoir aux entreprises du GAFAM. Cependant, du côté américain comme du côté chinois, il manque une très grande entreprise de l'intelligence artificielle. Celle-ci devrait naître très bientôt d'une société déjà bien placée ou d'une « licorne » montante, une start-up travaillant dans les nouvelles technologies dont la valorisation dépasse le milliard d'euros.

Les avancées économiques offertes par la 5G

Le secteur manufacturier

Le très bon côté de la 5G, c'est qu'elle va indéniablement stimuler l'économie. Le secteur le plus en pointe pour profiter de cette nouvelle technologie est celui des fabricants de produits industriels. L'image que l'on nous montre souvent d'usines robotisées complètement passées au numérique ne reflète pas du tout l'état actuel du secteur manufacturier, qui est en général très loin de l'ère numérique. La 5G est un déclencheur de la numérisation de l'industrie, avec le passage à des machines automatisées et contrôlées par des infrastructures numériques. Les réseaux câblés ont été la première solution pour numériser les moyens de production. Mais le câble coûte cher à poser, il faut trouver les cheminements dans les usines et de nombreux équipements intermédiaires sont nécessaires pour rallier les différents robots. Les logiciels de contrôle sont encore assez élémentaires. De plus, la synchronisation des machines-outils réclame des réglages complexes parce qu'elle concerne de multiples équipements intermédiaires. Il n'est pas rare, par exemple, que l'on demande à un robot industriel équipé de nombreux bras d'en synchroniser le mouvement dans un laps de temps inférieur à la milliseconde. En général, un même câble dessert l'ensemble des bras du robot, envoyant des informations de commandes en chaîne, ce qui implique un décalage entre les moteurs actionnant les bras. Avec la 5G, des flots hertziens en parallèle permettront une parfaite synchronisation.

La 5G modifiera radicalement ces environnements par la simplicité hertzienne. Le signal part de l'organe de commande et accède directement au robot dans un laps de temps de l'ordre de la milliseconde, la synchronisation s'effectuant encore plus rapidement grâce à la parallélisation rendue possible par l'utilisation simultanée de plusieurs antennes. Les commandes sont synchronisées au niveau du contrôleur, qui a une vue globale du système de production. L'ajout de nouvelles machines s'effectue simplement par des communications directes supplémentaires avec l'antenne 5G possédant un grand nombre de sous-antennes (jusqu'à 1 024). Les gains financiers générés par la numérisation des usines sont énormes : plus de câblage complexe, plus d'équipement intermédiaire, temps de latence extrêmement court, organe de contrôle dans un centre de données, sous-traité à l'opérateur ou mis en place par l'entreprise, localement ou à distance.

Cette nouvelle génération industrielle est, comme on l'a vu, nommée industrie 4.0. Avant elle il y eut la première génération, qui a permis une mécanisation de la production grâce à l'énergie provenant de la vapeur. La deuxième génération a apporté la production de masse, avec des lignes d'assemblage utilisant l'énergie électrique. La troisième a instauré une informatisation utilisant des réseaux câblés. Enfin, la quatrième, la 4.0, utilise des systèmes cybernétiques qui allient les centres de données avec autant d'applications logicielles qu'on le souhaite, de la conception numérique à la gestion automatique et de l'achat du produit à sa réalisation, en passant par l'aspect financier.

Dans cette industrie 4.0, le client pourra faire fabriquer le produit dont il a besoin avec toutes les personnalisations qu'il souhaitera. Chaque produit sera différent de celui du voisin, mais coûtera le même prix que s'il était fabriqué en un million d'exemplaires. Dans l'édition, par exemple, le client pourra commander directement, sans intermédiaire, un livre qui sera fabriqué et lui sera livré en quelques heures, avec s'il le désire une épaisseur, un format, une police personnalisés. Le coût de l'ouvrage dépendra évidemment d'un certain nombre de paramètres, comme la qualité du papier ou la sophistication de la couverture. Mais comme tout sera géré par le client, il n'y aura pas de surcoût lié aux intermédiaires. L'usine deviendra totalement autonome.

On pourrait reprocher à cette approche la disparition des ouvriers de l'usine et des intermédiaires comme les libraires. Cela pose en effet des problèmes sur le long terme, mais à court et moyen termes la mise en œuvre des nouvelles technologies demandera des personnels de conception, de mise au point et de maintenance. Les emplois tertiaires se développeront, pour remplacer les emplois du secondaire disparus.

On l'a vu, si la 5G est à l'origine d'une telle révolution, c'est à cause de la simplicité de mise en œuvre du réseau permettant d'aller directement, ou presque, du centre de données au robot industriel. Mais aussi de la possibilité qu'elle offre d'intégrer des machines-outils avec des logiciels de commande facilement évolutifs. Et enfin de la facilité d'accès depuis le monde entier à tous ces outils via son réseau.

Autre question qui reste à débattre : est-ce l'opérateur de télécommunications qui prendra le contrôle des usines ? Il est fort probable que oui, puisque le cerveau de cette industrie 4.0 correspond aux centres de données des opérateurs. Des centres de données bien placés, pas trop loin des usines, et à côté ou à une distance très limitée de l'antenne. Les opérateurs se saisiront-ils de cette opportunité ? Certainement, et ils prennent déjà soin de spécifier ces solutions de contrôle de la production industrielle. Mais d'autres catégories d'entreprises vont essayer de tirer leur épingle du jeu.

Tout d'abord les sociétés du GAFAM et celles qui espèrent les remplacer. Toutes y voient un nouveau marché à ne pas manquer. La 5G servira dans ce cas pour aller du robot industriel à l'antenne, puis de l'antenne à l'un des centres de données de ces entreprises, quelque part dans le réseau cœur. Les problèmes surgiront si l'éloignement de ce centre de données implique un temps de latence plus grand et des synchronisations plus complexes à réaliser. C'est pourquoi ces entreprises du Web souhaitent pouvoir implanter de nouveaux centres de données à la périphérie, pour continuer à contrôler les usines avec des temps de latence et de synchronisation parfaitement adaptés à l'industrie 4.0, et venir concurrencer les opérateurs sur leur terrain.

On perçoit à la mi-2020 une nouvelle vision des grands industriels du Web concernant les centres de données : ils projettent d'en déployer aux emplacements choisis par les opérateurs et de les leur louer. Leur principal argument est leur compétence dans ces systèmes qui permettra aux opérateurs de ne pas avoir à embaucher des spécialistes et de réaliser une 5G complète dans un laps de temps réduit. On peut à ce sujet citer les accords entre AT&T et Google en juin 2020. La réunion de ces deux sociétés, peut-être les premières mondiales dans les domaines des télécommunications et du traitement des données, formerait une superpuissance. Il en est de même pour l'accord entre Orange et Google en juillet 2020.

Une autre solution encore provient des industriels eux-mêmes qui montent des réseaux 5G privés. En d'autres termes, ces industriels sont prêts à acheter des fréquences au même titre que les opérateurs, mais au lieu de couvrir un État avec un grand nombre d'antennes, ils ne souhaitent avoir qu'une seule antenne, avec des communications qui couvrent uniquement la surface de l'usine. Les gouvernements songent à cette solution d'une vente au détail qui évidemment leur rapporterait beaucoup plus d'argent que la vente en gros à quelques opérateurs. Le centre de données privé serait situé au sein de l'usine ou dans une zone de quelques kilomètres alentour, relié à l'antenne par une fibre optique.

Le secteur informatique et télécommunications

Le secteur informatique et télécommunications est le deuxième le plus concerné en matière économique en raison de son importance financière. Ce n'est pas une surprise, puisque rien que la mise en place au niveau mondial de l'environnement 5G représente des sommes colossales. Ensuite et surtout, de nouveaux clients vont être attirés par la sous-traitance aux opérateurs de leur infrastructure réseau et de leur informatique. Les centres de données seront bien sûr à l'origine de cette sous-traitance grâce à l'exploitation de nouveaux logiciels spécialisés aptes à réaliser toutes les fonctions demandées.

Parmi les nombreuses fonctions offertes, la prise en charge des réseaux d'entreprise qui disparaissent au profit d'une connexion directe ou indirecte sur le réseau 5G. Cette proposition des opérateurs est schématisée sur la figure 6.3, dont la partie gauche représente la situation actuelle, et la partie droite le bouleversement apporté par la 5G, qui virtualise le réseau d'entreprise dans le centre de données.

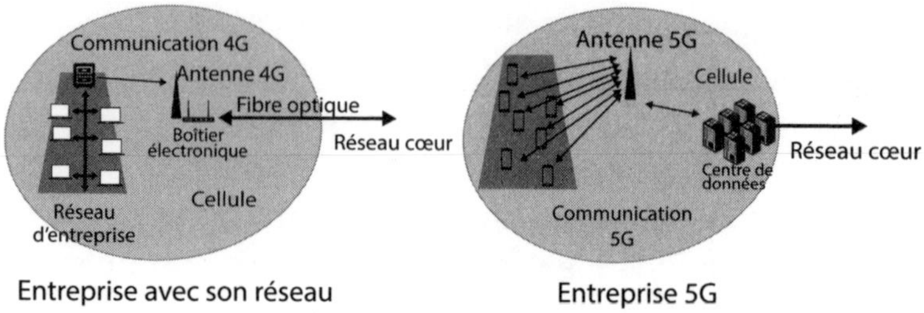

Figure 6.3 – La prise en charge par les opérateurs des réseaux d'entreprise

La 5G provoquera d'ailleurs la disparition des box Internet telles qu'elles existent, les fonctions de ce boîtier étant réalisées dans le centre de données associé avec toujours la fonction de femtocell 5G, et éventuellement le Wi-Fi si ce dernier n'a pas été totalement supplanté par la 5G. L'avantage de cette solution est de permettre aux opérateurs de commercialiser des box virtuelles avec l'ensemble des fonctions souhaitées par l'abonné. Toutes les box pourront de ce fait être différentes les unes des autres. De plus, la maintenance en sera simplifiée : plus besoin de fabriquer les boîtiers en les optimisant pour qu'ils soient le moins chers possible, de les récupérer lors des modifications d'abonnement et de les maintenir en état pour éviter des pannes coûteuses. La simplification de l'architecture et la personnalisation des box entraîneront des gains très importants. Ce schéma de pensée est représenté à la figure 6.4. À gauche, on trouve l'architecture d'aujourd'hui avec une box contenant les fonctions de base et connectée au réseau cœur par une fibre optique. À droite, le domicile est connecté à la box virtuelle située dans le centre de données soit par une antenne femtocell 5G, soit par une grande antenne 5G.

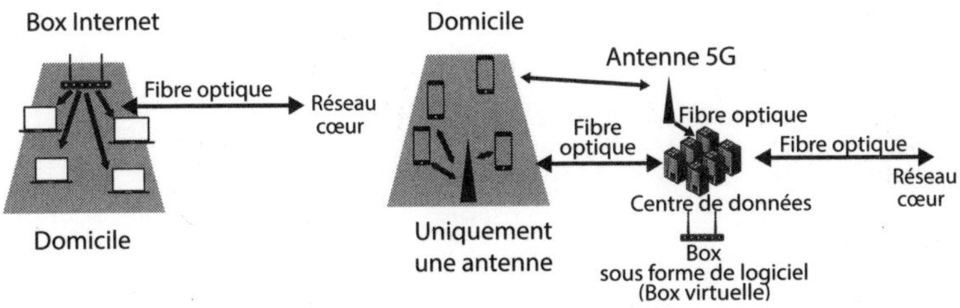

Figure 6.4 – Box virtuelle

Le secteur automobile

Le secteur automobile sera le troisième secteur qui bénéficiera le plus des retombées de la 5G. Pendant près d'une dizaine d'années, l'idée était de développer un système distribué dans les véhicules sans centre de contrôle, pour que ceux-ci communiquent directement entre eux, en utilisant du Wi-Fi. Pour y arriver, un Wi-Fi spécifique, dévolu uniquement au secteur automobile, a été développé, testé et normalisé. Malheureusement, le contrôle du Wi-Fi est complexe pour obtenir des temps de latence garantis. En effet, contrairement aux technologies des opérateurs de télécommunications, il n'y a pas de synchronisation et le système revêt un aspect aléatoire. L'avantage du Wi-Fi provient de son coût presque négligeable, contrairement à celui des 4G et 5G, qui utilisent des processus synchrones beaucoup plus coûteux mais dont les performances sont garanties. L'arrivée de la 5G permet de maîtriser les temps de latence, et les centres de données disposent de toute la puissance nécessaire pour gérer un grand nombre de véhicules simultanément. La 5G n'a guère mis plus d'un an à remplacer le Wi-Fi, même si des combats d'arrière-garde ont encore lieu et ne prendront fin qu'au début de l'année 2022, avec l'approbation de la phase 3 de la 5G contenant les dernières spécifications du système V2X (*Vehicle to Everything*) intégrant le V2V (*Vehicle to Vehicle*).

Les véhicules du futur seront munis d'un petit centre de données Edge, c'est-à-dire un centre de données de proximité, qui possédera tous les logiciels de commande nécessaires. Ces machines seront connectées entre elles par la 5G, avec des temps de latence de l'ordre de la milliseconde. Certains logiciels de commande se trouveront dans les centres de données des opérateurs, d'autres directement dans le véhicule. Lorsqu'un véhicule se retrouvera seul hors des cellules 5G, il pourra circuler de façon complètement autonome, grâce à des lidars (de l'anglais *light detection and ranging*, que l'on peut traduire par « détection et estimation de la distance par la lumière »). Les lidars apportent une technique de mesure de la distance fondée sur l'analyse des propriétés du faisceau de lumière d'un laser renvoyé vers son émetteur par un obstacle. Si deux véhicules se rapprochent sans être dans une cellule, elles peuvent communiquer directement entre elles, comme indiqué dans la partie droite de la figure 6.5, par leur antenne 5G. Dans la partie gauche, les véhicules communiquent entre eux via une grande antenne. Il s'agit de la situation standard, qui se met en place directement dès qu'une grande antenne est disponible. Dans la partie de droite, les véhicules communiquent entre eux par des liaisons directes que l'on nomme D2D (*Device to Device*) en utilisant leurs antennes 5G.

Du point de vue économique, les opérateurs comptent sur le traitement des données des nombreux utilisateurs potentiels, puisque tous les conducteurs seront libérés de la contrainte de conduire et se connecteront sur leurs centres de données. Certains estiment que le trafic Internet engendré par les occupants des véhicules constituera une proportion très importante du trafic et pourrait être l'équivalent du débit total actuel. En effet, en 2030, six milliards de conducteurs deviendront de fervents utilisateurs de l'Internet dès lors qu'ils seront dispensés de conduire pendant près de deux heures par jour en moyenne.

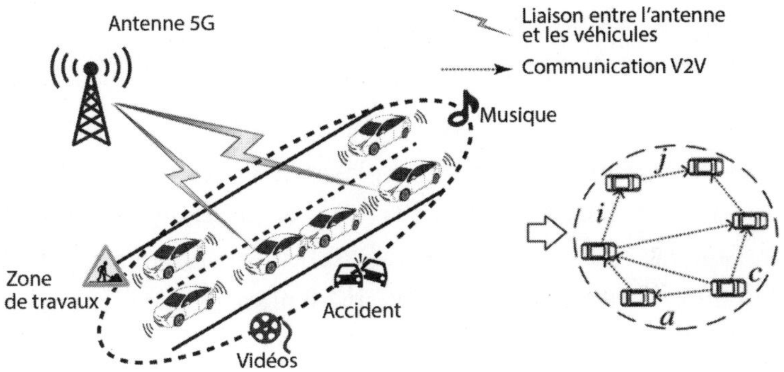

Figure 6.5 – La connexion des véhicules dans le cadre de la 5G

La vente au détail et la vente en gros

L'impact de la 5G sur la vente au détail et en gros s'explique par la personnalisation qu'engendrent les interactions entre le smartphone de l'utilisateur, les objets connectés dans les magasins et les produits étiquetés par des tags ou RFID (*Radio Frequency Identification*), de petites puces électroniques capables de gérer les identités, et d'identifier chaque produit. Les logiciels de traitement sont potentiellement installés dans les centres de données des opérateurs, mais ils peuvent aussi être intégrés à des centres de données Edge directement dans les magasins. Cet environnement permettra, en passant devant un étalage, de discuter d'un prix sur son smartphone avant d'acheter. Chaque client pourrait ainsi avoir « son » prix d'achat, qui sera nettement inférieur pour les clients fidèles. Le rayon d'un magasin pourra également envoyer un message sur un smartphone à proximité pour lui proposer une grosse réduction.

Les traitements sont effectués par des logiciels spécialisés, qui peuvent être modifiés à la volée étant donné le potentiel des centres de données.

Le service public

Le service public a créé la surprise en s'annonçant comme l'un des grands gagnants de la 5G, essentiellement grâce au passage au virtuel et à la numérisation des services. Même si de nombreux services ont été informatisés par l'introduction de tâches réalisées par des ordinateurs à distance, la plupart du temps ce sont encore des humains qui finalisent les demandes. Le passage au numérique ne se fait que rarement de bout en bout, depuis la requête de l'utilisateur jusqu'à la réalisation de la demande. La solution complètement numérisée demande une introduction par le demandeur, de chez lui, avec une possibilité de signer la demande en numérique. Les travaux effectués suite à la demande ne sont pas automatisés. Le futur de la 5G permet au client d'introduire une demande numérique, et cette requête se propage automatiquement avec toutes les vérifications nécessaires dans la chaîne.

La production d'une carte d'identité, d'un passeport ou de tout autre document se fait automatiquement dans cette nouvelle génération. Le demandeur se connecte par la 5G sur le centre de données qui possède la fonction de contrôle. Une fois les informations vérifiées automatiquement par des requêtes vers un centre de données national qui détient les données à valider, la demande est dirigée vers une autre fonction, qui produit le texte de la carte. Ce document est à son tour envoyé vers le demandeur, qui mémorise la carte sur son smartphone. Lors d'une demande de présentation de la carte, le fonctionnaire, avec son propre équipement, pourra effectuer la vérification auprès d'un serveur d'authentification intégré dans le centre de données national. Comme dans le secteur manufacturier, le gain réalisé est lié à l'instantanéité et à une diminution des effectifs à rétribuer.

À plus long terme, il n'y aura plus de documents matériels, et toutes les vérifications s'effectueront au travers du smartphone par un accès à des centres de données appartenant à l'État ou sous-traités aux opérateurs. Dans ce dernier cas, les échanges et les données mémorisés devront obligatoirement être chiffrés, ce qui demandera de nouvelles avancées technologiques pour pouvoir travailler sur des données chiffrées sans avoir à les déchiffrer. Les premiers résultats concernant ces technologies datent de plus de dix ans, mais un chemin encore assez long reste à parcourir.

Dans l'enseignement, la formation à distance prendra de plus en plus d'ampleur grâce aux débits importants de la 5G et aux centres de données capables de mémoriser des volumes considérables de supports de cours, intégrant des interactions entre étudiants et enseignants. L'apprentissage à distance n'est pas une nouveauté ; il existe depuis longtemps, en particulier dans les grandes universités américaines. Le manque de contact humain et d'interactions y est flagrant, mais la 5G ne pourra qu'améliorer les choses. L'une des meilleures universités techniques du Canada, l'université de Waterloo, a décidé qu'à partir de la rentrée 2020-2021 tous les cours pourraient être suivis en ligne, et seront dispensés soit à distance soit par l'intermédiaire de vidéos. En France, de nombreux séminaires de mathématiques resteront également virtuels après la fin de la crise du coronavirus. Cependant, si la 5G, avec ses hauts débits, son interactivité et sa fiabilité, apporte un réel confort à ses utilisateurs, elle ne remplacera pas les contacts humains. Une combinaison des deux est à rechercher pour tirer le meilleur parti de l'un et de l'autre.

Les autres secteurs

Beaucoup d'autres secteurs seront transformés par la 5G. La construction est en bonne place, avec une numérisation des chantiers et une automatisation de la construction grâce à des automates de plus en plus nombreux.

Les services financiers et les assurances recourent aux mêmes processus que ceux décrits plus haut concernant les services publics : le client numérise et tous les processus sont automatisés. Le nombre de succursales bancaires devrait continuer à décroître en accélérant le mouvement déjà lancé par les néo-banques, banques mobiles ou banques digitales qui proposent des comptes bancaires de nouvelle génération, entièrement pilotables depuis un smartphone.

Le transport est aussi un secteur en expansion avec la 5G. Le *platooning* (regroupement de véhicules par pelotons) deviendra un système standard, avec des trains de véhicules qui se suivent sur la route ou sur l'autoroute et dont seul celui de tête possède une intelligence, les autres ne réfléchissant pas. Les processus de contrôle seront également totalement numérisés.

Il est évident que tous ces gains ne peuvent se faire sans aucune contrepartie. On peut citer la potentielle diminution du nombre de postes de travail, qui entraînerait une augmentation du chômage. Ce n'est pourtant pas ce que montrent les chiffres de l'emploi, qui au contraire devraient être à la hausse, avec l'apparition de nouveaux métiers, comme ceux d'architecte de réseau ou de gestionnaire de la qualité des réseaux et, bien sûr, tous les métiers liés aux centres de données, au Cloud et, surtout, à l'intelligence artificielle. La société va lentement glisser vers une forte diminution du nombre des métiers manuels pour favoriser des métiers intellectuels. Une évolution qui doit rapidement être prise en compte par les dirigeants.

Un inconvénient plus indirect est la déshumanisation des services. Or lorsque le système automatisé n'a pas prévu un cas de figure très spécifique, ce qui se produit encore relativement souvent, le risque de blocage du système existe, ce qui est très désagréable et frustrant pour le demandeur, qui n'a aucun interlocuteur à qui s'adresser.

Trop d'informations tue l'information

La 5G constituera une source monumentale d'informations, disponibles immédiatement dans le monde entier. Au départ, la diffusion de l'information était l'apanage de petites sociétés essentiellement journalistiques. Après quelques étapes intermédiaires sont arrivés les fournisseurs de Cloud. Le Cloud, ou « informatique en nuage », correspond à l'accès à des services informatiques (serveur, stockage, mise en réseau, logiciel) via l'Internet à partir d'un fournisseur. Il est à la base de la dématérialisation que l'on appelle également, au sens plus large, la virtualisation.

Différents types de services peuvent être rendus par le Cloud : pour remplacer le matériel des entreprises ou créer des espaces de travail, et de façon encore plus évoluée pour remplacer tous les services de l'entreprise. Dans le premier cas, l'entreprise, au lieu d'acheter du matériel, loue des serveurs au fournisseur de Cloud et exécute ses propres services sur les machines qu'elle a louées. Dans le deuxième cas, tous les logiciels et matériels nécessaires pour exécuter les applications de l'entreprise sont loués au fournisseur. Enfin, dans le troisième cas, l'ensemble des services sont pris en charge directement par les centres de données du fournisseur de Cloud.

Les services de stockage et de sauvegarde constituent l'une des fonctions qui ont le plus rapidement attiré les utilisateurs. Autrefois, ceux-ci se servaient de leur propre ordinateur portable pour mettre toutes les données sur le disque dur de la machine et effectuer les sauvegardes sur un équipement externe. Bien que la capacité de ces stockages se soit accrue régulièrement, le volume d'informations à sauvegarder évolue encore plus vite, de telle sorte qu'il n'y a plus suffisamment de place sur les ordinateurs individuels. Les sauvegardes deviennent plus régulières et plus complexes. Avec l'arrivée du Cloud, le service de sauvegarde s'est rapidement imposé, et en parallèle de nombreux nouveaux services ont été introduits, tels que le partage de fichiers entre plusieurs équipements du même utilisateur. Puis les informations disponibles dans le Cloud sont devenues accessibles de tous les points du globe munis d'un accès Internet.

Après ce premier service de stockage, de nombreuses applications se sont développées, toujours prises en charge par le fournisseur de Cloud. Il s'agit aussi bien d'applications métier que de jeux intelligents. Des sociétés comme Google ont alors décidé d'offrir tout un panel de services gratuits pour récupérer les informations des clients les utilisant. Ces données étaient nécessaires pour réaliser une publicité ciblée et personnalisée. Si Google a été l'un des premiers à entrer dans la danse de ces applications de stockage gratuit, de nombreuses autres sociétés s'y sont mises depuis. Tout commerçant a en effet intérêt à bien connaître ses clients, ce qui peut se faire par un contact direct, mais aussi en accumulant les données que ceux-ci fournissent et en utilisant des outils du Big Data.

Les grandes entreprises du secteur des technologies de l'information et des télécoms développent massivement le Cloud et les centres de données, proposant des services logiciels (applications à base de téléphonie, logiciels de bureautique, de dessin, solutions de publication, etc.) et de contenus, comme la vidéo et les jeux à la demande. Le Cloud est également le support qui recueille les flots de données provenant des objets. Ces objets forment l'un des moteurs de la 5G par le développement de nombreuses solutions qui leur permettent de se connecter en utilisant très peu d'énergie et en sécurisant les données transmises. Beaucoup de processus seront automatisés grâce aux informations provenant de ces d'objets qui pourraient se compter par centaines de milliards en 2028.

Une fois cette guerre de l'information gagnée, les fournisseurs de Cloud sont devenus très puissants grâce au traitement des données au moyen de technologies de l'intelligence artificielle et de l'analyse du Big Data.

La 5G peut rebattre les cartes, puisque les opérateurs voient s'approcher la possibilité de reprendre la main en devenant eux-mêmes fournisseurs de Cloud, en utilisant les centres de données situés au pied des antennes ou à proximité. Les opérateurs peuvent reprendre la démarche effectuée par Amazon, qui n'était au départ qu'un marchand virtuel, car sa boutique était dématérialisée, avec un réseau de distribution particulièrement réactif pour livrer une commande en quelques dizaines d'heures. Pour arriver à automatiser tous les traitements allant de la vente à la livraison en passant par le contrôle des hangars de stockage, Amazon a dû développer un énorme système informatique qui s'est révélé être bien plus important que nécessaire. L'idée qui s'est fait jour a été de louer les serveurs non utilisés, et petit à petit Amazon en est arrivé à construire d'énormes infrastructures pour les proposer à ses clients. La démarche actuelle est d'aller vers de plus petits centres de données sur la périphérie du réseau pour se rapprocher encore des clients et être plus réactif.

Posséder ces entrepôts de données, qui sont des centres de données pour le stockage, permet d'acquérir une connaissance approfondie des clients.

Malheureusement, ces centres de données peuvent aussi être la source de fausses informations, capables de compromettre des élections ou des prises de décisions, que ce soit intentionnellement ou non. Les manipulations de toutes ces données sont intenses : revente, partage ou exploitation. Si l'Europe essaie de se munir de lois pour enrayer et limiter ces trafics, la plupart des pays du reste du monde en sont encore à une utilisation abusive des données.

Beaucoup pensent que la solution miracle consiste à anonymiser les données, c'est-à-dire trouver une façon de les modifier pour qu'aucun élément ne permette de les tracer ou plus globalement de savoir à qui elles appartiennent, tout en gardant les propriétés de base. Mais c'est un leurre, et un certain nombre d'articles de recherche, en particulier émanant de la Défense américaine, montrent que l'anonymisation n'existe pas à partir du moment où quelqu'un possède aussi un ensemble de données plus vaste avec certaines informations en commun. Pour rendre impossible la récupération des données initiales, il faudrait anonymiser toutes les données sans exception, ce qui les rendrait du même coup totalement inexploitables, puisqu'elles ne correspondraient plus à rien !

L'anonymisation n'est pas un chiffrement. Il n'est pas ici question de chiffrer toutes les données, mais d'enlever certaines informations qui pourraient permettre d'en identifier le propriétaire. En d'autres termes, tout fichier anonymisé peut être désanonymisé par un Google, un Facebook ou une NSA. Des intermédiaires jouent le rôle de facilitateur pour désanonymiser des fichiers pour le compte de petites sociétés qui ne possèdent pas les informations de base nécessaires pour effectuer ce travail.

La 5G est le canal de récupération des données, et elle pourrait également devenir l'environnement de traitement de ces données, puis pourquoi pas de leur utilisation. Cependant, il faut trier et analyser cette avalanche de données pour ne sélectionner que les informations utiles. Ce travail est complexe et seules quelques grandes entreprises sont arrivées à en maîtriser le traitement. Les opérateurs de 5G ont une chance de revenir dans le jeu, à condition qu'ils soient capables de réaliser ces opérations.

Qui maîtrise la 5G et qui maîtrisera les données transitant par la 5G ?

Les opérateurs de télécommunications sont particulièrement bien placés pour contrôler les données transitant par la 5G, avec leurs centres de données situés tout près des clients. Mais ceux qui souhaitent prendre en charge les données produites par les utilisateurs et les entreprises peuvent aussi se positionner avant ou après les centres de données des opérateurs 5G. Avant, ce serait par l'utilisation d'un boîtier que l'on nomme femto-centre de données, *home datacenter* ou encore *skin datacenter*, qui peut aussi bien être dans le domicile, sur un bureau ou dans une poche – ce positionnement est très étudié, et nous allons y revenir. Après, ce sont les grands industriels du Web, les entreprises du GAFAM. Si les opérateurs ne profitent pas de leur situation géographique, la maîtrise reviendra aux très grands centres de données des sociétés du Web. Les données peuvent être chiffrées pour éviter leur examen par un organe intermédiaire. Cependant, il est nécessaire d'avoir dans les paquets qui forment les flots de données des zones de contrôle en clair, ne serait-ce que pour déterminer le destinataire. De nombreuses informations sont alors disponibles, dont les adresses de l'émetteur et du destinataire, ainsi que tout ce qui a trait au contrôle, en particulier la détection du type d'application. Il suffit alors au centre de données d'écouter pour savoir qui communique avec qui, et avec quelle application. Ensuite, la puissance de calcul disponible peut servir à casser les clés secrètes utilisées pour le chiffrement. Cette dernière fonction n'est pas celle recherchée par les opérateurs, qui veulent avant tout développer les applications et les services qui seront utilisés par les entreprises.

Un positionnement avant les centres de données des opérateurs consiste à installer des centres de données entre le client et l'antenne. Les emplacements envisageables se devinent facilement : dans le terminal de l'utilisateur avec l'intégration d'une puissance de calcul importante, ou bien dans un équipement spécifique dissocié du smartphone. Le centre de données de petite taille peut également se trouver dans le point d'accès Wi-Fi ou dans le boîtier appelé contrôleur Wi-Fi. Ces contrôleurs surveillent les points d'accès

Wi-Fi en examinant les flots qui y passent. La figure 6.6 décrit ces différents cas de figure, de haut en bas : le premier représente le cas des centres de données où les clients utilisent la 5G pour accéder à ces puissantes machines ; le deuxième celui où les opérateurs ont placé leurs centres de données juste derrière les antennes ; et le troisième cas montre la solution consistant à positionner de multiples petits centres de données à la périphérie, au domicile et dans les bureaux.

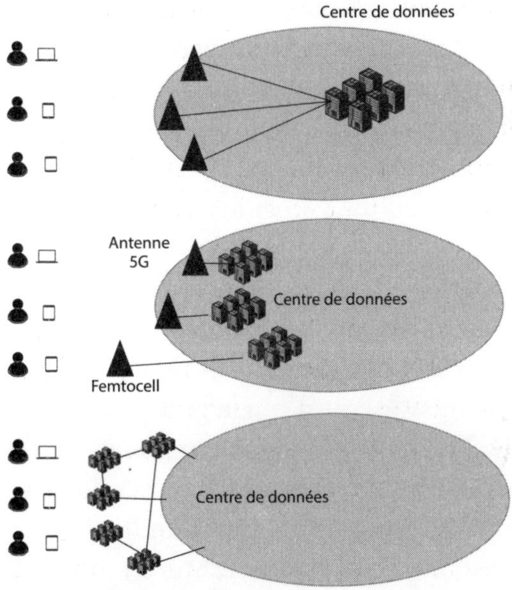

Figure 6.6 – Les emplacements possibles des centres de données

C'est la dernière solution, avec des centres de données pouvant se trouver dans la poche des utilisateurs ou sur leur bureau qui intéresse particulièrement Google et Amazon, bien que pour des raisons différentes. Google souhaite que sa publicité ne soit pas éliminée par des logiciels spécialisés situés dans le centre de données des opérateurs. Amazon, lui, voudrait se rapprocher du client pour fournir l'infrastructure informatique complète de bout en bout.

Que la puissance de calcul soit dans l'équipement terminal ou dans des boîtiers intermédiaires, il faudra être capable de manipuler les logiciels applicatifs et d'offrir des services intelligents. La maîtrise de l'intelligence artificielle reste prépondérante, avec une difficulté croissante en allant vers la périphérie, où les équipements sont moins puissants et la distribution bien plus complexe à contrôler que la centralisation. En revanche, les pannes de quelques centres de données périphériques ne modifient rien ou presque rien au système, tandis qu'une panne d'un système central est catastrophique pour l'ensemble du réseau.

L'intelligence artificielle permet de traiter les masses de données recueillies par le système lui-même, que cela concerne le contrôle, la gestion ou l'optimisation de la radio et du transport des paquets véhiculant l'information. Ceci débouchera à terme sur des systèmes de pilotage automatique des réseaux 5G. Les salles de contrôle des grands opérateurs exigent aujourd'hui la présence de plusieurs centaines de techniciens et d'ingénieurs, mais cette assistance se réduira finalement à quelques dizaines de professionnels.

L'intelligence artificielle détectera les attaques et les fraudes passant par le réseau. Enfin et surtout, elle traitera les données des entreprises et les services en temps réel nécessitant une synchronisation de l'ordre de quelques millisecondes. Parmi ces applications, on retrouve le traitement de l'automatisation des véhicules, le contrôle des machines-outils, la gestion de la santé, les applications à base de missions critiques comme celles nécessaires pour la chirurgie à distance… Ces services demandent tout à la fois un temps de latence très réduit, un très fort débit pour réaliser des feedbacks de contrôle et une fiabilité importante. L'intelligence artificielle peut également optimiser l'énergie nécessaire à la bonne marche des systèmes par un apprentissage approfondi des algorithmes de minimisation de la consommation.

Ainsi, l'utilité des communications 5G, qui apportent rapidité et débit, et permettent de réaliser des analyses en temps réel pour contrôler des systèmes complexes, n'est plus à démontrer. Mais que se passera-t-il en cas de détournement de ces énormes prédispositions pour entrer dans nos vies et les diriger ?

La première étape, qui n'est pas encore critique, réside dans le marketing de proximité. La technologie développée dans ce but peut influencer fortement nos vies, sans les faire « dérailler » pour autant. Ensuite, des influences politiques, économiques ou décisionnelles peuvent nous échapper étant donné les connaissances acquises à propos de chacun de nous par les centres de données. On peut ainsi citer l'exemple de l'augmentation du coût des assurances liée à la connaissance d'informations du type génome, radios des poumons, vitesse moyenne sur la route, étude du rythme cardiaque via une montre connectée, température relevée lors des vérifications de plus en plus fréquentes à l'entrée des magasins, déplacement dans tel ou tel pays, etc. Tout cela aboutit à la découverte de corrélations impossibles à deviner naturellement. Comme avec l'énergie atomique, nombreuses sont les avancées technologiques qui peuvent être utilisées pour le bien de l'humanité ou pour lui faire du mal. La 5G n'échappe pas à cette dichotomie. Pour en limiter les effets négatifs, il faut se diriger vers des systèmes très fortement distribués où les petits centres de données dépendent des individus et non d'une société. L'intelligence serait alors distribuée et beaucoup plus facile à maîtriser qu'à l'intérieur d'un énorme centre qui regroupe tout. Mais si une entreprise vous offre un petit centre de données à la seule condition qu'elle puisse y avoir un accès, allez-vous refuser ? Il le faudrait pourtant…

Les robots du futur seront également commandés par la 5G, qui permettra de leur transmettre en temps réel les milliards d'informations nécessaires pour effectuer leurs missions pacifiques ou guerrières. Le temps de réaction est capital, et un centre de données lointain sera incapable de battre un centre de données sur le bord du réseau, derrière l'antenne sur laquelle le robot sera connecté. À un peu plus long terme, il est possible d'imaginer le centre de données dans le robot, qui deviendra vraiment autonome.

Certes, la maîtrise de la 5G et le contrôle des données qui y transitent ne sont pas pour tout de suite mais il ne faudra pas tant d'années que cela pour y arriver. Toutes les grandes compagnies se préparent plus ou moins ouvertement. Et la ou les gagnantes ne sont peut-être pas celles auxquelles on pense immédiatement. La sulfureuse entreprise Palantir, qui travaille essentiellement pour la Défense américaine dans l'intelligence artificielle et le Big Data, pourrait en faire partie. Elle semble en effet avoir une longueur d'avance sur les technologies du Big Data et se diversifie dans toutes les directions : santé, finance, biens de consommation…

La 5G au cœur des enjeux économiques

Dans le domaine économique, les atouts de la 5G peuvent permettre une compétitivité raisonnée et loyale. Mais, on l'a vu, elle peut également être à la source de la prise de contrôle par quelques compagnies dont les centres de données seront répartis sur les divers continents. C'est aussi une rare opportunité pour les opérateurs de télécommunications de reprendre un pouvoir qu'ils avaient il y a cinquante ans, en s'unissant pour contrôler et gérer les milliards d'individus sur terre et les centaines de milliards d'objets, du détecteur d'incendie aux véhicules en passant par les capteurs de santé, les robots, les drones…

7

La sécurité de la 5G

La sécurité des informations transitant dans les réseaux n'est pas un problème nouveau. Cette problématique existe depuis longtemps, à ceci près que les concepteurs de l'Internet n'avaient pas songé que cela prendrait de telles proportions. Aujourd'hui, l'Internet ressemble à un pneu qui a été crevé à de nombreuses reprises et réparé avec des rustines plus ou moins bien collées : on ne distingue plus le caoutchouc, on ne voit plus que les rustines. Le problème est de savoir si ce pneu ne risque pas d'exploser à tout moment. La 5G aurait pu être l'occasion de repartir sur des bases plus saines en matière de sécurité. Ce n'est pas le cas, même si des efforts tangibles ont été faits pour améliorer la situation.

Si la sécurité est améliorée par une utilisation massive des règles de sécurité déjà bien connues sur l'authentification, le contrôle des accès, la non-répudiation, la confidentialité, l'intégrité, l'audit et les alarmes, il faut tenir compte de l'introduction dans la 5G d'une nouvelle complexité technique allant bien au-delà de ce qui existait dans la 4G. De plus, la 5G regroupe en son sein de très nombreux réseaux qui étaient auparavant isolés ou qui n'existaient tout simplement pas : les réseaux de sécurité civile et des véhicules connectés, l'Internet, l'Internet des objets, l'Internet tactile, les réseaux Intranet des entreprises, entre autres. Cette superposition est intéressante financièrement, puisqu'une seule infrastructure est suffisante pour réaliser des réseaux à la demande, mais cette solution rend le système plus fragile. Si un des réseaux intégrés dans l'infrastructure est attaqué, un risque existe pour les autres. Or la 5G est capitale pour les États. Si l'Internet s'arrête, une partie importante de l'économie sera fortement perturbée. Si la 5G s'arrête, c'est toute l'économie mondiale qui pourrait s'effondrer.

Historiquement, les réseaux des opérateurs de mobiles étaient bien protégés, puisque les technologies utilisées étaient spécifiques et fermées – le contrôle du réseau était réalisé par un système particulier non connecté à l'Internet. Au fur et à mesure de l'arrivée de nouvelles générations, la structure du réseau s'est rapprochée de plus en plus de l'Internet, et l'information à transporter a fini par circuler sous forme de paquets IP (*Internet Protocol*). La 5G se fonde en très grande partie sur les protocoles de l'Internet et en deviendra le réseau principal dans quelques années. Heureusement, de nombreux protocoles de contrôle restent indépendants, ce qui devrait au moins protéger une partie du contrôle et de la gestion du réseau.

Les risques liés à la sécurité peuvent se décomposer en plusieurs classes. En premier lieu, la protection de nos informations lorsqu'elles se déplacent dans le réseau, et lorsqu'elles sont stockées, en particulier dans les centres de données. Ensuite, les attaques possibles de la nouvelle génération d'infrastructure physique et numérique de la 5G. Beaucoup pensent que le nombre de cyberattaques augmentera fortement avec cette nouvelle génération. Cela est presque certain, mais auront-elles plus d'impact que les nombreuses attaques qui ont émaillé la vie de la 4G et dont aucune n'est parvenue à détruire ni même à arrêter totalement le réseau ?

L'intelligence artificielle devrait jouer un rôle fondamental pour contrer les attaques. De nouvelles solutions matérielles existent déjà pour remplacer la carte SIM, et de nouvelles puces se déploieront aussi dans toutes les machines connectées à la 5G, pour garantir une sécurité maximale.

Enfin, des moyens ont été mis en œuvre par la Commission européenne et les principaux États pour alerter les protagonistes et les obliger à tenir compte de recommandations cruciales pour la sécurité des utilisateurs, des entreprises et de tous ceux qui se connecteront un jour aux réseaux 5G.

Les attaques sont-elles plus simples ou plus compliquées sur le réseau 5G ?

Les spécifications de la 5G permettent d'espérer un réseau plus sécurisé. Rien d'étonnant à cela, puisque les ingénieurs de conception ont tenu compte de tous les problèmes et toutes les attaques répertoriées sur les générations précédentes. Les éléments les plus vulnérables du réseau proviennent des nouveautés et de l'infrastructure numérique de la 5G, bâtie sur un réseau beaucoup plus ouvert que celui de la génération précédente. En particulier, le réseau cœur se fonde sur l'Internet avec toutes les possibilités d'attaques que l'on connaît… ou celles que l'on ne connaît pas encore.

Dans la 5G, les informations de contrôle sont séparées de celles des utilisateurs. Il y a deux réseaux distincts, même s'ils utilisent la même infrastructure : le réseau transportant les données de contrôle et le réseau acheminant les paquets

IP des utilisateurs vers leur destinataire. Ce second réseau est sensible aux nombreuses attaques répertoriées dans l'univers Internet. Le réseau de contrôle, lui, est beaucoup mieux protégé que l'Internet puisque seul le personnel de l'opérateur peut y accéder, avec des mesures d'authentification très sévères.

Les accès client au réseau 5G sont très ouverts, et une personne bien informée et compétente pourrait entrer par le réseau utilisateur et de là pénétrer le réseau de contrôle, même si cela reste très peu probable. Globalement, on peut avancer que le réseau de contrôle sera difficile à attaquer. Cela ne sera pas totalement impossible, mais il ne pourra l'être que par des individus extrêmement qualifiés ou via des portes dérobées cachées dans les logiciels de commande.

La 5G possède une infrastructure assez complexe que l'on appelle une infrastructure en tranches, *slices* en anglais, mot utilisé dans cet ouvrage, le terme « tranche » étant peu usité dans ce domaine. Une slice est un réseau. L'architecture en slices est donc composée d'un grand nombre de réseaux distincts. Donnons une image pour essayer de comprendre cette technologie. Dans nos salles de bains, il y a trois tuyaux : les tuyaux d'eau chaude, d'eau froide et d'eaux usées. Chaque tuyau est une slice. Un inventeur malin aurait pu se dire qu'au lieu de mettre trois tuyaux, ce qui coûte assez cher, autant n'en mettre qu'un seul pour faire des économies et y faire passer une seconde d'eau froide, une seconde d'eau chaude et deux secondes d'eaux usées. Pensez-vous que ce système serait en état de fonctionner même s'il était beaucoup moins onéreux à poser ? Dans l'Internet, nous avons voulu faire un peu la même chose. Si l'on revient vingt à trente ans en arrière, il y avait autant de réseaux distincts que d'applications. Ces réseaux étaient gérés par des départements différents, comme les services généraux pour la téléphonie, le département informatique pour le réseau associé, et le département sécurité pour le réseau vidéo de télésurveillance. L'Internet a permis d'intégrer ces différents réseaux dans un même et unique réseau, avec l'avantage d'une bonne économie puisque les trois « tuyaux » sont remplacés par un seul. Mais beaucoup pensent que cette solution est une erreur en termes de qualité des services rendus. En effet, ces services sont très différents les uns des autres : la téléphonie demande un temps de latence très court pour permettre une conversation acceptable sinon cela tient du talkie-walkie, la vidéo exige des synchronisations fortes pour que les images se succèdent exactement à la bonne vitesse, et les données informatiques requièrent des flots sans synchronisation.

La 5G revient vers des slices distinctes mais, contrairement à la tuyauterie de la salle de bains, il n'y a toujours qu'un seul tuyau physique. L'infrastructure unique est découpée virtuellement, c'est-à-dire un peu comme dans l'analogie : pendant une fraction de seconde c'est un premier réseau qui fait passer ses informations, puis c'est au tour du deuxième réseau, etc. Chaque réseau peut avoir sa propre façon de gérer ses paquets avec plus ou moins de sécurité en fonction des objectifs de l'application.

Cette infrastructure est à l'étude depuis quelques années, en particulier pour isoler les slices : aucun paquet ne doit pouvoir passer d'une slice à une autre. On a longuement considéré la sécurité de cette solution, mais le manque de recul laisse à penser que de nombreuses attaques pourraient être découvertes. Comme dans toute nouvelle technologie un tant soit peu complexe, il faut du temps pour atteindre une complète compréhension de l'environnement. Pour cette raison, le slicing sera introduit par étapes sur une durée de cinq à dix ans. La 5G avec une dizaine de slices devrait se concrétiser en 2025, et avec de très nombreuses slices quelques années plus tard.

Le point le plus sensible de la 5G sera son cerveau composé des centres de données situés derrière les antennes, à l'entrée du réseau cœur. Il renfermera les logiciels de commande. L'avantage est de pouvoir les faire évoluer, les modifier et même les remplacer sans toucher à l'infrastructure du réseau. L'inconvénient provient de cette centralisation et de la possibilité d'attaques contre ces équipements omniprésents. Attaques qui peuvent être physiques, comme un bombardement par des drones, ou logiques, par le détournement d'une fonction nichée dans le centre de données dont le code est vulnérable. Une faille de sécurité permettra à l'attaquant de naviguer dans le centre de données pour aller détruire des fonctions vitales. Bien d'autres attaques sont découvertes régulièrement, comme l'attaque par inondation dans le centre de données : un client qui parviendrait à prendre le contrôle d'une fonction exécutée par logiciel pourrait depuis cette position interne émettre dans toutes les directions à l'intérieur du centre de données, pour le mettre à l'arrêt en inondant les moyens de communication. Les concepteurs ont anticipé de très nombreuses attaques et envisagé les solutions pour les contrer, mais leur nombre est presque infini et certaines arriveront bien à atteindre leur but.

Le monde de l'Internet a été particulièrement étudié pour limiter le nombre d'attaques possibles sur les données des utilisateurs. Car l'infrastructure de l'Internet est fondamentalement ouverte, ce qui en a fait le succès mais constitue aussi un défaut en matière de sécurité. La 5G apporte de nombreux progrès dans la gestion de la sécurité de la partie

Internet. Le danger proviendra plus de l'utilisation des données par les opérateurs et les sociétés qui seront associées que des attaques elles-mêmes.

Sur la partie radio de la 5G, concernant la connexion des clients, la directivité des antennes est un atout pour la sécurité. Dans les générations précédentes, une antenne émet sur l'ensemble des utilisateurs d'une cellule. Un attaquant peut de ce fait écouter tous les signaux qui sont diffusés par l'antenne. Ces signaux sont certes chiffrés depuis la première génération de réseaux de mobiles, grâce à un code secret géré par l'opérateur au travers de la carte SIM, ce qui évite une écoute simple des informations qui transitent sur la voie hertzienne. Pourtant, il est possible de casser ou de voler les codes secrets, même si cela reste de la haute voltige, les systèmes de chiffrement étant bien protégés et les fonctions de chiffrement étant elles aussi de très bonne qualité. L'astuce la plus classique pour un attaquant est de répondre à la place du client visé lors de l'ouverture de la communication. Cette solution est complexe à mettre en œuvre mais possible. Tandis qu'une émission très directive permet au signal de parvenir directement au destinataire sans diffusion sur une cellule, et d'éviter toutes les attaques par écoute.

Toutes les générations de réseaux de mobiles ont été très bien sécurisées par le caractère fermé des solutions déployées. Avec l'arrivée des protocoles de l'Internet qui s'introduisent de plus en plus nettement en remplacement des technologies propriétaires, la sécurité décroît ; toutefois, les types d'attaques sont de plus en plus connus, et des parades existent pour les annihiler. La 5G ne fait que suivre cette voie en s'ouvrant complètement à l'Internet, ce qui introduit de nouvelles possibilités d'attaques, en particulier via les smartphones, qui deviennent équivalents à des ordinateurs personnels. Les technologies utilisées dans la 5G sont très innovantes, et seul le manque de recul nous incite à penser que la sécurité pourrait être moins bonne que celle des générations précédentes tout en restant très correcte. Les réseaux Wi-Fi, encore beaucoup plus ouverts et peu administrés, sont bien plus vulnérables.

Les données sont-elles mieux protégées avec la 5G ?

La 5G se caractérise par une utilisation intensive du logiciel à la place du matériel. Dans les précédentes générations, le matériel était fortement employé car les fonctions de traitement étaient réalisées par du matériel spécifique, comme le boîtier électronique situé sur l'antenne, qui traitait le signal, gérait les changements intercellulaires des clients et contrôlait les ressources du réseau. Ce matériel fermé limitait les attaques par une barricade physique. Dans la 5G, qui est une génération logicielle, tout se passe dans la mémoire des serveurs des centres de données. Or sécuriser un logiciel, qui n'a pas de frontières fortement protégées, est beaucoup plus complexe. Bien sûr, la barrière physique du matériel peut être franchie via les connexions réseau. De ce fait, il faut ajouter des coupe-feu pour vérifier les flots entrants. Si le matériel ne compte pas trop de fonctions, cela facilite également la tâche du coupe-feu. La carte SIM est un bon exemple de matériel qui pendant longtemps a été bien sécurisé, puisqu'elle n'exécute que très peu de fonctions. Malheureusement, de nombreuses attaques sont apparues récemment, en écoutant ce qui se passe à l'intérieur de la carte. Pour cette raison, les futures cartes SIM de la 5G seront beaucoup plus petites avec encore moins de fonctions.

Les logiciels de contrôle ou d'application de la 5G s'exécutent dans les serveurs des centres de données. Il faut donc absolument isoler ces logiciels les uns des autres, pour empêcher qu'une attaque sur l'un de ceux s'exécutant dans un serveur ne puisse se propager vers d'autres, du même serveur ou de serveurs différents. Ces problèmes de sécurité sont relativement nouveaux pour les opérateurs de télécommunications. Il existe évidemment des solutions plus ou moins abouties, mais une des difficultés de la 5G sera de parvenir à embaucher de véritables spécialistes de ces questions. En effet, les personnes formées chaque année à ces nouvelles technologies et les formations disponibles sont encore bien trop rares, qui plus est dans le domaine de la cybersécurité.

Une autre grande nouveauté de la 5G est d'utiliser des logiciels open source. Cela permet de récupérer le code source d'une application sans avoir à supporter le coût d'un développement. Parmi ces logiciels open source, certains sont complètement libres d'utilisation, d'autres requièrent de déposer les modifications qui ont pu y être apportées ou les extensions réalisées, d'autres encore exigent de mentionner les noms des concepteurs, etc. Le bon côté de ces logiciels réside dans la possibilité de vérifier le code et de détecter les portes dérobées, pour les éliminer si nécessaire, en s'assurant qu'il n'y a pas d'attaque cachée dans le logiciel. Si le logiciel est très gros et formé de millions de lignes de code, après un examen approfondi il est presque impossible de ne pas détecter des failles, qui seront mises à profit par les attaquants.

Nos données seront plutôt correctement sécurisées si les opérateurs emploient du personnel qualifié pour prendre en charge cette problématique. Elles le seront beaucoup moins s'ils n'y accordent pas une énorme attention et n'assument pas les coûts élevés qu'entraîne cette sécurisation des fonctions de gestion des informations des utilisateurs. Or la tentation sera forte pour les opérateurs de se désintéresser de ces questions, pour réduire leurs coûts, et de ne pas engager le personnel qualifié pour mener à bien tous les contrôles nécessaires.

La sécurité des données dépendra également du chiffrement sur lequel les utilisateurs pourront compter. Un chiffrement inévitable pour les entreprises qui veulent se protéger efficacement. La solution la plus sûre est de laisser l'utilisateur final choisir sa propre clé secrète et un algorithme de chiffrement, ce qui sécurise automatiquement tout ce qui est mémorisé dans le centre de données. Il faut pour cela une compétence dans le choix des clés et des algorithmes, et ne pas se laisser influencer par des propositions de chiffrement qui ne seraient pas certifiées. Même si le propriétaire du centre de données se voit contraint par l'État dont il dépend de donner ces informations, elles ne pourront pas être violées. Bien évidemment, il faut que l'algorithme de chiffrement soit à la hauteur, et que l'on ne puisse pas le casser en recourant à la puissance de calcul des machines les plus grosses, et bientôt par les ordinateurs quantiques qui multiplient par un facteur 10^4 à 10^8 le nombre d'opérations par seconde en fonction du type de calcul à effectuer. Un ordinateur quantique utilise les propriétés quantiques de la matière pour faire des opérations sur des données. Alors qu'un ordinateur classique n'utilise que les valeurs 0 et 1, le calculateur quantique travaille sur des qubits qui ont une infinité de valeurs.

La sécurité quantique sera utilisée à un moment ou un autre, et si ce n'est pas sur les dernières versions de la 5G, ce sera sur la 6G. Si un attaquant écoute, le récepteur le détectera instantanément, puisque l'information quantique reviendra alors automatiquement à la valeur 0 ou 1, et changera immédiatement sa clé de chiffrement.

La sécurité des données devrait donc être très bonne dans la 5G, car tout un arsenal de protections est prévu. Mais pour cela, une grande rigueur et une très forte compétence sont absolument nécessaires, et il faut d'urgence remédier à la forte pénurie d'ingénieurs en qualité logiciel, génie logiciel et cybersécurité.

La criticité de la 5G

La criticité se définit comme la détermination de l'importance et de la disponibilité d'un système. Si celui-ci tombe en panne, une chaîne de réactions peut se produire, aboutissant à l'arrêt d'un ensemble de fonctions vitales. Le problème se pose pour la 5G étant donné le nombre de processus qui seront affectés par une panne. Aujourd'hui, une panne de l'Internet et des réseaux des opérateurs arrêterait 30 % de l'économie mondiale. En comparaison, en cas de coupure de trois mois de l'Internet, la dégringolade économique serait trois ou quatre fois plus sérieuse que celle liée à la crise du Covid-19. L'importance de ces systèmes se découvre à travers le nombre de coupures imposées par certains pays pour empêcher les communications entre des opposants au régime. En 2019, près de 300 coupures volontaires ont ainsi été répertoriées, contre 100 à 200 les années précédentes. Les coupures deviennent un outil politique. On comprend bien que les guerres cybernétiques entre États se dirigent également vers l'attaque des infrastructures critiques pour les rendre inefficientes.

La 5G deviendra dans quelques années le système le plus critique pour l'économie après la production d'électricité. Elle doit être hyperprotégée.

La 5G possède une infrastructure de réseau numérique qui se déploie, on l'a vu, sous la forme de slices. Chaque slice correspond à une grande application, comme la conduite connectée des véhicules, la connexion des objets, la ville intelligente, les applications avec des temps critiques, les applications industrielles, etc. Des slices particulières prennent en charge des applications de haute sécurité pour la gendarmerie, la police, les pompiers, et même partiellement la Défense nationale. Toutes ces slices ont besoin de l'infrastructure numérique commune. À long terme, presque toute la vie d'une nation dépendra de la 5G, qui sera devenue une ressource très critique. Par conséquent, un incident pourra vite devenir catastrophique. La solution apportée par la distribution d'un cerveau global entre tous les centres de données à la périphérie est une très bonne nouvelle. Cette distribution permet d'assurer un fonctionnement en continu, même si certains organes sont attaqués ou détruits. En revanche, elle complique grandement le contrôle et la gestion globale de la sécurité, tout en rendant le système moins critique. Dans un système centralisé, lorsque tous les contrôles sont regroupés, une attaque sur le centre paralysera totalement une nation, tandis que si le contrôle est distribué, seul un secteur géographique sera paralysé.

Le risque de paralysie se renforce avec la 5G. Jusque-là, lorsque l'Internet était attaqué et que cela donnait lieu à un arrêt des communications, il était toujours possible de passer par la 4G, et vice versa. Avec la 5G, les réseaux se réunissent, et même si la diversification existe au travers des slices, il n'y aura globalement plus qu'un seul système de contrôle. Étant donné la complexité de ce système global, il est certain que le risque d'un arrêt total n'est pas à négliger si la commande est fortement centralisée.

Les objets connectés par milliards constituent une autre source d'inquiétude, car ils sont en général mal sécurisés. Cela pour différentes raisons, et en premier lieu la volonté de réduire les coûts de fabrication de façon drastique sans tenir compte de la sécurité, bien trop chère à garantir pour qu'un objet d'une valeur de 10 euros, comme il y en aura des millions, puisse en être doté.

L'exemple d'une des plus grandes attaques de l'Internet est très parlant. Un hackeur s'est emparé de 350 000 objets connectés de différents types, et un beau jour il a dirigé tous les flots vidéo de ces caméras vers le même destinataire, qui a vu arriver un trafic de plus d'un térabit par seconde. Cette attaque de septembre 2016, dénommée « Dyn Attack », est du type « déni de service distribué » ou DDOS (*Distributed Denial of Service*), est une des plus simples à mettre en œuvre, et peu de solutions existent pour l'arrêter. Un schéma représentant ce type d'attaque est décrit à la figure 7.1.

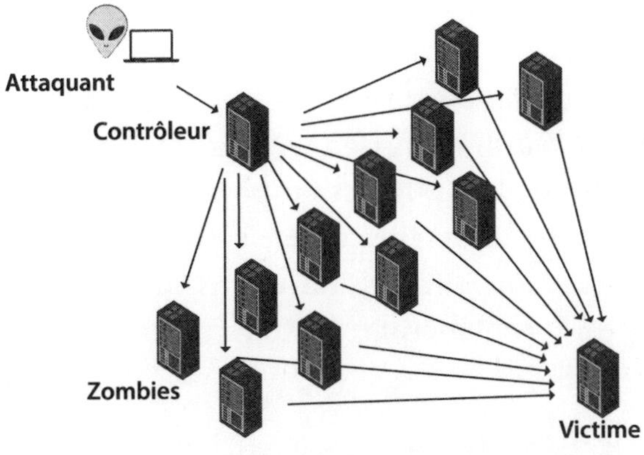

Figure 7.1 – Schéma d'une attaque DDOS

Le 18 juin 2020, Amazon a dévoilé un DDOS encore plus important, qui est désormais considéré comme le plus grave de l'histoire avec 2,3 térabits par seconde. Ce ne sont pas des objets qui ont été utilisés, mais un service d'annuaire implanté sur un très grand nombre de serveurs dans le monde. Lorsqu'un serveur gérant un service d'annuaire reçoit un message, il cherche l'adresse du destinataire, personne ou société, et lui envoie le message. L'attaque consiste à envoyer de nombreux messages vers chaque serveur d'annuaire, sachant qu'il en existe plusieurs dizaines de millions.

Dans la première attaque, une question mérite d'être posée : comment est-il possible qu'une seule personne puisse prendre le contrôle de 350 000 objets dont plus de 100 000 caméras, et de tout type, comme des babyphones ? La réponse est simple : certaines sociétés choisissent un mot de passe identique pour tous leurs objets commercialisés. Il suffit d'en acheter un pour quelques euros et de récupérer le mot de passe ou, plus simplement encore, de regarder sur Internet, où des bases de données de mots de passe sont disponibles (avec un peu de malchance, vous y trouverez les vôtres !). Un client avisé aura changé ce mot de passe si le vendeur permet cette modification. Ensuite, un automate recherche sur l'Internet les objets de la même marque, qui en grande majorité ont gardé le mot de passe d'origine, et en prend possession. Même si la façon de maîtriser les objets n'est pas toujours aussi simple, elle est souvent possible en cassant simplement ces mots de passe, en général trop simples et trop courts.

Les véhicules connectés et autonomes représentent-ils un danger ?

La 5G, on le sait, vise particulièrement le marché des véhicules pour l'énorme trafic de données qu'il représentera dans quelques années, puisque des milliards de conducteurs, au volant de leur voiture devenue autonome, seront connectés à l'Internet une à deux heures par jour. Or le contrôle des véhicules connectés est un enjeu de taille, ne serait-ce que pour entrer sur le marché des données. La 5G, grâce à ses performances garanties et à son temps de réaction très court, de l'ordre de la milliseconde, semble pour cela mieux placée que la technique Wi-Fi. Et les réseaux véhiculaires penchent fortement vers la 5G, les cinq continents ayant presque tous voté d'une façon ou d'une autre en faveur de l'adoption de cette technique – même si le débat reste ouvert entre 5G et Wi-Fi.

Le contrôle entre véhicules intelligents s'effectue dans les petits centres de données Edge situés dans les véhicules, et qui sont interconnectés soit par l'intermédiaire d'une grande antenne 5G accessible aux deux véhicules, soit directement, par un réseau appelé « mesh », où tous les nœuds sont connectés entre eux sans hiérarchie centrale, comme cela est représenté à la figure 7.2.

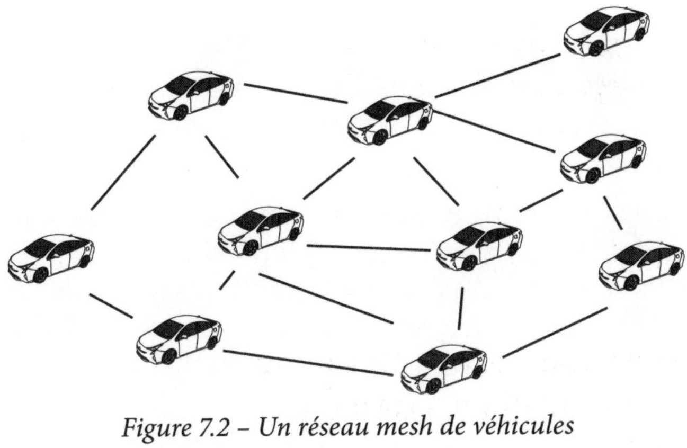

Figure 7.2 – Un réseau mesh de véhicules

La conduite autonome via la 5G pose plusieurs problèmes de sécurité. Concernant le système de contrôle, d'abord :

peut-il y avoir une défaillance liée à la transmission des données de contrôle et à leur traitement ? Ensuite, les interconnexions possibles entre les trois réseaux parallèles implantés dans les véhicules peuvent également être source de difficultés. Le premier réseau transporte les données de contrôle, le deuxième connecte les utilisateurs à l'Internet et le troisième permet aux constructeurs automobiles de réaliser une maintenance continue du véhicule, même pendant qu'il se déplace. Ces trois réseaux doivent se partager le centre de données Edge implanté dans le véhicule intelligent. Cette architecture est en cours de définition, en attendant la finalisation des spécifications 5G. Un tel véhicule intelligent est illustré à la figure 7.3.

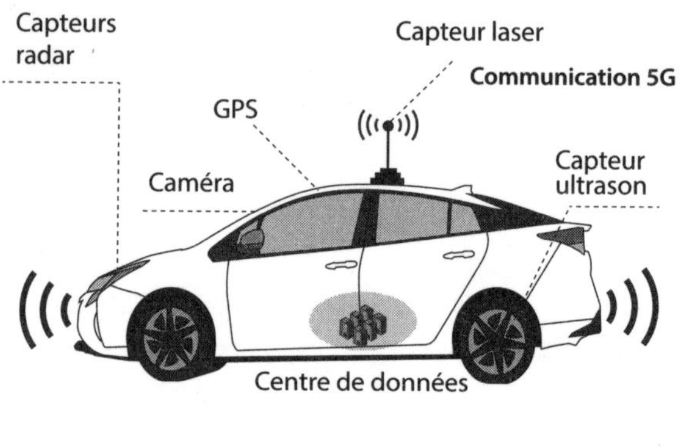

Figure 7.3 – Le partage du centre de données Edge du véhicule

Le premier de ces réseaux demande des temps de latence très courts, de l'ordre de la milliseconde. Si le réseau est défaillant ou surchargé, cette durée des transferts ne sera pas respectée. Il y a cependant une marge de sécurité importante concernant ce temps de latence, puisque même si l'ordre de ralentissement arrive avec une cinquantaine de millisecondes de retard, cette valeur peut être acceptable si le freinage ne concerne que deux véhicules. Mais si l'on considère un train de véhicules, comme défini dans le *platooning*, ceux-ci peuvent être très près les uns des autres. Dans ce cas, les temps de freinage s'additionnent et leur somme peut devenir suffisamment grande pour provoquer un accident. L'une des raisons du choix de la 5G est justement le déterminisme de cette technologie par rapport aux solutions proposées par le Wi-Fi, pourtant considéré comme la bonne solution pendant près d'une dizaine d'années pour les véhicules connectés. Les spécifications de la 5G sur les missions critiques répondent aujourd'hui parfaitement au cahier des charges, changeant complètement la donne au profit des opérateurs de télécommunications.

Une défaillance de la communication ou un problème sur le centre de données intégré dans le véhicule restent envisageables. Bien que la probabilité de voir survenir ces événements soit extrêmement faible, étant donné les milliards de voitures qui se déplaceront dans ce contexte, la défaillance d'un seul véhicule peut ne plus être négligeable. De ce fait, il est important de faire des expérimentations durant de longues années afin de ne pas se lancer dans la vente de véhicules peu fiables, susceptibles de générer de graves accidents sur les routes alors qu'un des objectifs des voitures autonomes est au contraire d'éradiquer la mortalité routière.

Il faut noter que les véhicules autonomes seront également dotés de radars ou de lidars qui peuvent prendre en charge le freinage d'urgence. Les radars utilisent des ondes électromagnétiques ressemblant fortement aux fréquences des ondes 5G, entre 300 mégahertz et 10 gigahertz. Ils envoient un signal de détection à une fréquence spécifique et attendent de recevoir ce signal en retour après rebond sur un obstacle. Le temps de latence permet de déterminer où se positionnent les voitures autonomes et les obstacles. Il est à noter que les radars dressés le long des routes ont des puissances de quelques milliwatts seulement, un peu comme le Wi-Fi. Ils sont donc aussi peu dangereux que le Wi-Fi, sauf à coller son visage contre l'émetteur. Les radars de forte puissance, pour suivre des avions ou des fusées, atteignent en revanche plusieurs dizaines de kilowatts. Ils sont aussi dangereux que les émetteurs de télévision, ou les grandes antennes pour réseaux de mobiles, si l'on se trouve dans les quelques mètres ou dizaines de mètres du lobe de l'émetteur.

Le lidar utilise des impulsions de lumière infrarouge pour mesurer la distance et la vitesse d'un véhicule. En émettant ces impulsions lumineuses, un lidar peut générer une carte très précise de l'environnement d'un véhicule. L'inconvénient de ces ondes électromagnétiques dans le domaine de la lumière provient de leur forte atténuation avec la distance dès que les conditions climatiques se dégradent. Les phares d'une voiture ne pénètrent que difficilement une forte pluie ou un brouillard, et il faudrait nettement augmenter leur puissance pour gagner quelques mètres de portée supplémentaires. Nous retrouvons toujours les mêmes éléments liés aux ondes émises. Si la source est trop puissante et que l'on s'en approche trop, des effets négatifs peuvent être constatés sur les yeux. Les responsables sanitaires ont fixé des limites très comparables entre nuisance lumineuse, nuisance sonore et nuisance radio. La différence bien sûr est que l'on peut s'apercevoir tout de suite d'une nuisance sonore ou lumineuse, tandis que la nuisance radio n'émet aucun bruit ni aucune lumière d'alerte.

La dangerosité de la 5G est sûrement bien plus grande dans le monde des réseaux véhiculaires que dans les technologies radio. Cependant, malgré cette dangerosité, l'automatisation de la circulation routière devrait beaucoup diminuer le nombre d'accidents de voiture mortels. La période transitoire nécessaire à la mise au point des applications 5G pour arriver à une qualité acceptable prendra encore au minimum cinq ans, pour démarrer vers 2025. En réalité, la voiture autonome existe déjà, mais elle ne fonctionne que dans des conditions très simples, comme la conduite sur autoroute ou sur route bien balisée, sans utiliser de connexion entre véhicules. Et le nombre de collisions est loin d'être négligeable dès que les véhicules se déplacent à plus de 50 kilomètres à l'heure.

Que peut apporter l'intelligence artificielle à la 5G ?

L'intelligence artificielle est souvent évoquée comme la solution à tous les maux de notre époque, et en particulier à l'insécurité, en aidant les systèmes à détecter les attaques et à les contrer. Une vision de l'intelligence artificielle en grande partie objective… même si celle-ci peut aussi aider les hackeurs à mettre au point des attaques plus sophistiquées.

L'outil de base de l'intelligence artificielle pour détecter les attaques vient des systèmes d'apprentissage. Lorsqu'une attaque est connue et que l'on dispose de plusieurs exemples de cette même attaque, un système d'apprentissage les examine et mémorise leurs caractéristiques communes. Par la suite, dès que le système découvre certains des éléments correspondant à l'apprentissage dans un flot de paquets, une alarme est déclenchée. Cependant, il faut des jeux d'apprentissages en nombre suffisant pour être sûr que le système soit capable de reconnaître les caractéristiques de l'attaque. Cette solution donne de bons résultats, mais elle ne permet pas toujours de découvrir une nouvelle offensive qui n'est pas répertoriée et n'a pas donné lieu à un apprentissage, même si le système peut apprendre tout seul et, au bout de la énième attaque, être capable de la détecter.

Le deuxième outil est le Big Data. Les flots de données enregistrés dans la mémoire d'un centre de données font l'objet de recherches de corrélations dès qu'un problème est détecté. Certaines corrélations seront synonymes d'anomalies et de déclenchements d'alertes. Il faut cependant que ces détections se fassent en temps réel pour que l'attaquant n'ait ni le temps de dérober des informations ni celui de placer un cheval de Troie. Pour cela, il faut mettre toutes les données recueillies dans la mémoire vive du centre de données et non sur un disque dur. Cette technique de Big Data *in memory,* parfois appelée « fast data », est coûteuse à mettre en œuvre et ne sera utilisée que dans certains cas.

Les hackeurs de leur côté se servent aussi de l'intelligence artificielle pour mettre au point de nouvelles attaques à partir d'attaques déjà connues, dont ils modifient les paramètres pour que les systèmes d'apprentissage ne puissent les détecter. Les attaquants deviennent de plus en plus subtils et parviennent à paralyser les systèmes de défense intelligents. Une de leurs méthodes consiste à mettre en libre-service des jeux qui apprennent à ne pas détecter certaines attaques ou faussent les résultats de l'apprentissage. Le système de détection finit par être complètement déréglé à force de déterminer de fausses corrélations.

L'intelligence artificielle peut également servir à la reconnaissance faciale au moyen de caméras placées un peu partout. La 5G permet de transporter rapidement le flux vidéo vers le centre de données situé non loin de la caméra, pour y effectuer les analyses. Il faut une puissance de calcul importante pour réaliser les correspondances. Et l'étude simultanée de plusieurs vidéos, pour suivre un individu en temps réel, est quelque chose d'encore plus complexe du point de vue algorithmique. Il faut mettre les images de toutes les vidéos en mémoire vive, ce qui demande d'immenses espaces se trouvant uniquement dans les centres de données de grand Clouds. Cette recherche n'est que difficilement réalisable étant donné la taille de mémoire vive requise. Les limites à définir pour l'utilisation de ces techniques visant à augmenter la sécurité, sans avoir à entrer trop profondément dans la vie privée des individus, restent difficiles à déterminer et pourraient poser des problèmes juridiques non négligeables.

Les cartes SIM de la 5G

Les cartes SIM constituent depuis plusieurs décennies la solution la plus simple pour authentifier les clients qui se connectent, puisqu'elles contiennent leur identifiant et leurs données de connexion. Au début d'une connexion, la discussion qui s'effectue entre l'organe de contrôle du réseau (un logiciel dans le centre de données 5G) et la carte SIM, qui est un tout petit ordinateur personnel, permet à l'opérateur d'authentifier le client pour pouvoir lui affecter le coût de la communication.

Sur les quelques dizaines de millimètres carrés de la puce d'une carte SIM est implanté un tout petit ordinateur renfermant des secrets qu'il est impossible de lire simplement, et surtout de modifier. Le problème majeur de cette carte, et plus particulièrement du composant électronique, vient de sa surface encore trop grande malgré sa petite taille. Un attaquant peut venir écouter ce qui se passe à l'intérieur en y posant des sondes. La première option pour accentuer la difficulté d'accéder aux informations contenues dans la puce aurait pu être d'en diminuer simplement la taille, mais des problèmes de compatibilité entre smartphones auraient rapidement surgi. Deux solutions ont alors été envisagées pour remplacer la carte SIM : l'eSIM et l'iSIM. Ces nouveaux composants seront utilisés dans la 5G, et il est probable qu'une superposition des deux apparaisse ensuite pour une solution parfaitement adaptée aux besoins des utilisateurs.

L'eSIM ou *embedded* SIM – SIM embarquée – est une carte SIM virtuelle. Les informations de la carte ne se trouvent plus à l'intérieur du smartphone, mais sur un site sécurisé souvent loin de l'appareil. Les informations peuvent être embarquées dans une carte SIM distante ou bien dans un équipement effectuant le travail d'une carte SIM. Une description de cette solution est donnée à la figure 7.4.

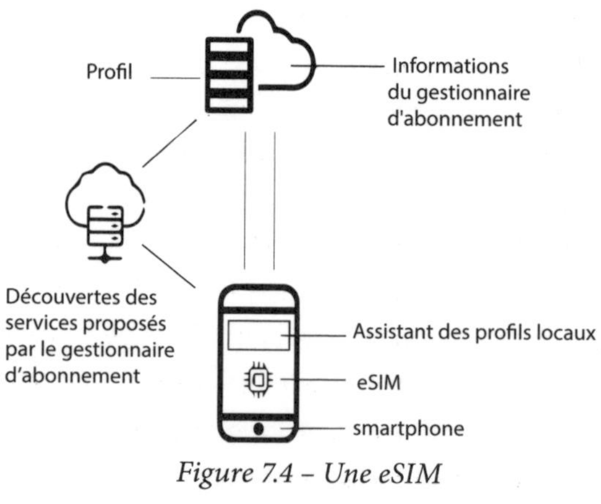

Figure 7.4 – Une eSIM

Dans les faits, la carte SIM du smartphone disparaît et est remplacée par un circuit électronique très simple qui indique l'emplacement de la vraie carte SIM à distance, d'où le nom de carte SIM « virtuelle ». Un grand nombre d'avantages sont liés à cette carte dont les spécifications pour la 5G sont en cours d'écriture et paraîtront dans la phase 3 de septembre 2021 ou mars 2022. Avec ce système, le client n'est plus obligé de recevoir une carte SIM par la poste. Il reçoit les informations à intégrer dans le circuit électronique de son smartphone par les airs, via le réseau 5G. Plusieurs opérateurs peuvent coexister simultanément, le smartphone renvoyant le client vers la bonne carte SIM distante pour mettre en place la communication. Le changement d'opérateur se fait presque instantanément, puisqu'il n'y a plus besoin de changer la carte à l'intérieur du smartphone. Enfin, cette carte virtuelle peut avoir plusieurs usages : ouvrir la porte de son domicile, de son bureau ou de son véhicule, payer avec une carte bancaire, payer son restaurant d'entreprise, etc. La 5G adoptera cette carte pour permettre une forte sécurisation de ces nombreux services disponibles et non plus du seul service téléphonique. On pourrait regretter l'impossibilité d'enlever la carte eSIM pour la mettre dans un autre portable, en cas de panne ou de batterie vide. Toutefois, il sera néanmoins possible de récupérer l'accès à une carte virtuelle à partir d'un autre smartphone, après une authentification renforcée.

L'iSIM ou *integrated* SIM – SIM intégrée – porte un autre principe qui vise également à diminuer fortement la taille de la carte. Mais au lieu d'être virtuelle, elle est bien réelle et intégrée dans le smartphone. Cette nouvelle carte SIM est invisible : elle est soudée à l'intérieur du smartphone. Cette solution est schématisée à la figure 7.5.

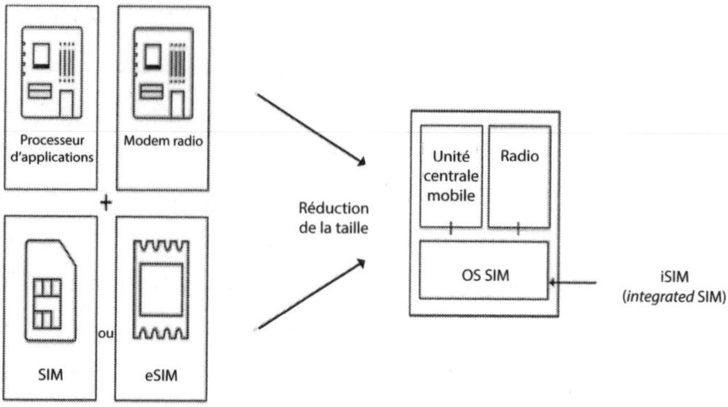

Figure 7.5 – Une iSIM

Le principe de l'iSIM est de conserver la carte SIM dans le smartphone, avec un composant intelligent de la taille d'une grosse poussière. Il faut y associer un modem, également fortement miniaturisé, et greffer l'ensemble sur la plate-forme matérielle qui accueille le processeur, la mémoire et les composants associés. Cette plate-forme est appelée SoC (*System on a Chip*). L'iSIM est donc une carte SIM fortement miniaturisée et cachée dans le matériel que l'on retrouvera dans tous les objets qui ont un processeur, c'est-à-dire tous les objets communicants, tandis que l'eSIM est un ensemble de cartes, ou d'équipements équivalents, situés à distance et commandés par le composant qui se trouve dans le smartphone. Une iSIM peut être une eSIM, puisque le composant eSIM peut y être encapsulé. Si le client n'est pas connecté, il dispose de sa SIM locale avec un profil unique. S'il est connecté, il possède le composant eSIM intégré dans l'iSIM pour utiliser des cartes virtuelles à distance.

Les eSIM et les iSIM apportent des éléments supplémentaires de sécurité par rapport à une carte SIM, la première en étant déportée vers l'extérieur, la seconde en étant miniaturisée dans le smartphone.

La technologie iSIM permet de réduire les coûts de fabrication par rapport à un classique emplacement SIM. Et pour les objets connectés, le coût supplémentaire serait particulièrement négligeable puisque l'on n'aurait plus à y ménager un emplacement pour introduire une carte SIM. Ces puces devraient devenir omniprésentes dans tous les environnements 5G et jouer un rôle capital dans la sécurité, même à l'intérieur des centres de données où des armées d'iSIM pourraient contrôler les logiciels de commande et les applications.

La sécurité de la 5G vue par les États

On l'a vu tout au long de cet ouvrage, la sécurité de la 5G est capitale pour les États, puisqu'une attaque bien ciblée pourrait paralyser une bonne partie de l'économie d'un pays.

La Commission européenne a rapidement pris ce problème à bras-le-corps en nommant un groupe d'étude chargé de faire une liste des dangers inhérents à cette nouvelle génération de réseaux de mobiles. Cinq grandes classes de risques ont été déterminées par l'Union européenne. Elles sont indiquées à la figure 7.6, avec des scénarios associés.

1. Scénario correspondant aux risques liés à l'insuffisance de mesures de sécurité	Mauvaise configuration des réseaux
	Absence de contrôles d'accès
2. Scénario correspondant aux risques liés à la chaîne d'approvisionnement de la 5G	Faible qualité du produit
	Dépendance vis-à-vis d'un fournisseur unique au sein d'un même réseau ou manque d'une seconde source à l'échelle nationale

3. Scénario correspondant aux risques liés au mode opératoire des attaquants	Interférence de l'État via la chaîne d'approvisionnement de la 5G
	Exploitation des réseaux 5G par le crime organisé ou par des groupes du crime organisé ciblant les utilisateurs finaux
4. Scénario correspondant aux risques relatif à l'interdépendance entre réseaux 5G et d'autres systèmes critiques	Perturbation importante des infrastructures ou des services critiques
	Panne massive des réseaux due à une interruption de la fourniture d'électricité ou d'autres systèmes indispensables
5. Scénario correspondant aux risques liés aux dispositifs de l'utilisateur final	Exploitation de l'IoT (Internet des objets), des combinés ou des terminaux intelligents

Figure 7.6 – Liste des risques

Pour lutter efficacement contre ces risques et renforcer la sécurité et la résilience des réseaux 5G, une approche globale est nécessaire. Cela implique la mise en place d'un ensemble de mesures clés, ainsi que d'actions de soutien connexes qui peuvent simultanément faire face aux risques. Pour garantir une approche coordonnée des États membres, la solution retenue consiste en la mise en œuvre effective de mesures et d'actions atténuant les risques, adaptées à la situation de chaque État de l'Union.

Cette boîte à outils doit fournir une évaluation des mesures qui bénéficieraient d'une approche commune et d'une certaine forme de coordination au niveau de l'Union européenne. Dans l'ensemble, les mesures présentées devraient contribuer à atteindre les objectifs les plus importants en matière de sécurité. Certains outils pourraient même se renforcer mutuellement si cela était pertinent face aux risques identifiés dans le rapport d'évaluation. Ils doivent également prendre en charge les besoins de confidentialité, d'intégrité et de disponibilité des réseaux 5G. Pour cela, il faut :

- renforcer la sécurité dans la conception, le déploiement et l'exploitation du réseau ;
- améliorer les normes définies pour une sécurité de base, pour atteindre un niveau de sécurité avancé des produits et des services ;
- minimiser l'exposition aux risques liés aux profils des fournisseurs ;
- éviter ou limiter les dépendances majeures à l'égard d'un seul fournisseur ;
- promouvoir un marché diversifié, compétitif et durable pour les équipements 5G, notamment en maintenant les capacités de l'Union européenne dans la chaîne de valeur de la 5G, c'est-à-dire les étapes déterminant les possibilités du domaine de la 5G.

L'approche européenne concernant la sécurité de la 5G semble bien adaptée à la situation, mais ces grands principes doivent être mis en application indépendamment des coûts énormes qui devront être supportés par les opérateurs, qui seront pour cela aidés par les États et l'Union elle-même.

Les États-Unis pensaient figurer parmi les premiers dans la course à la 5G, seulement la guerre économique avec la Chine a stoppé leur progression. Les discussions sur la sécurité en sont à peu près au même point que dans l'Union européenne. Le document définissant la stratégie nationale a été publié en mars 2020, soit à peu près au même moment que celui de Bruxelles. Le gouvernement américain a défini quatre axes, qui tous ont pour but de montrer son leadership en matière de sécurité, et plus généralement de compétence dans le domaine de la 5G. Ces axes insistent sur l'impossibilité de choisir des sociétés qui auraient un impact sur le déploiement en menaçant la sécurité du pays. On trouve dans ce texte les raisons officielles avancées pour empêcher les compagnies chinoises de vendre des équipements sur le sol américain, et de façon plus large à l'ensemble des pays dont les intérêts impliquent une coopération avec les États-Unis.

Le premier axe concerne le déploiement de la 5G sur le territoire américain. Une coordination est proposée, sous la responsabilité du National Economic Council, pour faciliter ce déploiement par le secteur privé. La Federal Communication Commission (FFC), qui est en charge de la régulation des télécommunications et des contenus des émissions de radio, télévision et Internet, doit tout faire pour aider à montrer la supériorité de l'Amérique dans la technologie 5G. Pour cela, elle a défini un plan, appelé « 5G FAST », afin de démontrer l'importance de la 5G et le besoin de réaliser un déploiement très rapidement. On sent bien dans cette volonté que l'on touche à l'aspect politique, ce qui ne devrait pas être le cas, pour des problèmes de sécurité. Pour y arriver, dans le cadre de ce plan, la FCC doit :

- mettre plus de fréquences à disposition des acteurs de la 5G, pour une utilisation commerciale ;
- rationaliser les processus gouvernementaux d'approbation du déploiement de l'infrastructure 5G ;
- moderniser la réglementation pour promouvoir le réseau d'accès et le réseau cœur de la 5G.

L'administration américaine affirme travailler activement avec le secteur privé et des partenaires d'autres pays partageant ses idées afin d'encourager et de promouvoir la recherche, le développement, les essais et l'évaluation des nouvelles technologies pour faire progresser « l'art de la 5G ».

Le deuxième axe doit permettre d'évaluer les risques et d'identifier les principes de sécurité de l'infrastructure 5G. Pour cela, le gouvernement américain doit encourager les actions augmentant la sécurité et la fiabilité de cette infrastructure. En parallèle, une évaluation régulière devra être effectuée pour vérifier la qualité de la sécurité aussi bien pour la partie technique de la 5G que pour sa partie économique. Les risques associés à l'infrastructure, y compris la définition et le maintien des principes de sécurité, doivent également faire l'objet d'une estimation tenue à jour régulièrement.

Le gouvernement des États-Unis demande aux opérateurs d'évaluer les cybermenaces, et plus généralement les vulnérabilités qui pourraient se cacher dans les infrastructures de la 5G. Cet effort d'évaluation doit couvrir les équipements commercialisés et les performances obtenues lors de leur déploiement pour réaliser l'infrastructure 5G. Une attention particulière doit être prêtée aux composants spatiaux qui seront développés.

Le texte revient sur l'importance de définir les principes à suivre pour garantir la sécurité de l'infrastructure 5G aux États-Unis. Pour cela, le gouvernement coopérera avec le secteur privé pour identifier, développer et appliquer les principes fondamentaux en matière de cybersécurité, de gestion des risques de la chaîne d'approvisionnement et de sécurité intérieure.

Le troisième axe concerne les risques pour la sécurité économique et nationale des États-Unis pendant le développement et le déploiement de l'infrastructure 5G. Le document indique que le gouvernement du pays se penchera sur ces risques en analysant l'infrastructure et en garantissant certaines fonctions critiques au plan national. Dans ce troisième axe, le document aborde le danger de fournisseurs à haut risque qui mettraient en place l'infrastructure 5G, faisant allusion aux équipementiers étrangers qui ne font pas partie des « amis » des États-Unis, comme Huawei. Il est indiqué que le gouvernement veillera à ce que les technologies et les services d'information et de communication soient déployés dans le plus grand respect de la sécurité nationale des États-Unis.

Le gouvernement se donne les pouvoirs nécessaires pour interdire certaines transactions impliquant des technologies ou des services d'information et de communication conçus, développés, fabriqués ou fournis par des personnes contrôlées, soumises à la juridiction ou à la direction d'un adversaire étranger et qui feraient courir un risque inacceptable pour la sécurité nationale des États-Unis.

Le quatrième axe demande un développement et un déploiement responsables de la 5G, pour garantir la disponibilité des équipements et des services sur le marché. Le mot « responsable » n'a ici aucune connotation écologique, il indique juste une attention particulière à la disponibilité, c'est-à-dire au fonctionnement du système sans être arrêté par une panne ou une maintenance. Le gouvernement américain prendra en charge la promotion pour une mise en œuvre des principes globaux de sécurité. Il contribuera également à l'élaboration des principes internationaux pour la sécurité de la 5G par sa participation à des réunions internationales sur le sujet. Il s'emploiera à préserver et à renforcer le leadership des États-Unis sur la 5G dans les organisations pertinentes qui en établissent les normes, de concert avec le secteur privé du pays. Les États-Unis souligneront la nécessité de développer des processus ouverts et transparents dans l'élaboration de standards qui doivent être techniquement robustes et appropriés. L'objectif est d'encourager la compétitivité du marché.

On voit à travers ces deux exemples, de l'Union européenne d'un côté et des États-Unis de l'autre, que la 5G est prise très au sérieux et marque un tournant aussi important que la naissance de l'Internet dans les ruptures techniques et sociétales, pour aller vers une société numérique. À la lecture de ces documents, on s'aperçoit néanmoins que les gouvernements ne se préoccupent pas des problèmes de dangerosité et de défense de la vie privée de leurs citoyens… alors que ce dernier point est certainement le plus opposable à la 5G.

Malgré les avancées, de nouvelles menaces

La sécurité de la 5G du point de vue technique progresse dans certaines directions, pour reculer dans d'autres. Les spécificateurs ont pourtant clairement essayé de « combler les trous de sécurité » des précédentes générations. Le traitement des défauts connus a été pris à bras-le-corps, et la plupart des risques ont été éliminés par des moyens décrits dans les spécifications de la 5G. Malheureusement, la complexité de cette nouvelle génération engendre de nouvelles menaces, en particulier liées à l'omniprésence dans les centres de données de logiciels de commande et d'application qui se côtoient dangereusement. On redoute par exemple de voir la nature des attaques changer et s'orienter dans des directions utilisant plus fortement des compétences en génie logiciel, avec une intégration de l'intelligence artificielle.

Les États se posent, eux, plus de questions en matière de sécurité intérieure et économique, car la 5G représente un

« super Internet » qui s'étend dans toutes les directions. Les commandes des processus industriels, commerciaux, financiers et militaires dépendront pour une grande partie de l'infrastructure 5G et de ses organes de décision. Un effort important est effectué dans ces directions.

La structuration distribuée des centres de données sur les bords du réseau, près des clients, est heureusement une réponse tangible au risque d'atteinte à la confidentialité des données et au respect de la vie privée qui ne semblent guère préoccuper les États. Il ne faudrait surtout pas regrouper ces machines, et surtout les logiciels les plus importants, sur une super machine centrale qui représenterait un danger certain pour les pays qui adopteraient cette stratégie afin de se simplifier la vie… ou d'obtenir un pouvoir démesuré sur leurs populations.

8

Conclusion et futures générations

La 5G, le réseau de demain

La 5G est certainement la génération qui aura le plus fait parler d'elle, que ce soit en bien ou en mal. Et ce principalement pour son aspect assez révolutionnaire, puisqu'elle vise à la fois à augmenter les débits et à offrir toute une panoplie de nouveaux services fortement automatisés, en particulier destinés aux entreprises.

On peut évacuer assez rapidement le sujet de la dangerosité sanitaire de la 5G. Car si les règles édictées jusqu'à présent sont bien respectées, les risques pour la santé n'existent pas vraiment, en tout cas ils sont bien moins importants que ceux que l'on prend quand on bronze au soleil, que l'on monte dans une voiture ou que l'on se promène sous un vent violent. Cela ne signifie pas qu'il faille pour autant cesser de vérifier que le réel correspond bien aux prévisions techniques. D'autant plus qu'il est certainement possible d'abaisser encore un peu les seuils limites sans avoir à changer les équipements installés. Il faut également éviter de coller des équipements mobiles à son oreille, sachant qu'un éloignement de quelques centimètres est suffisant pour abaisser fortement la puissance de réception. Les seuils actuels n'ont pas montré de dangerosité de la part des ondes électromagnétiques. Les rayonnements émis sont mêmes beaucoup moins dangereux que ceux d'autres ondes que l'on accepte souvent sans se poser de questions, comme celles du soleil, de la lumière visible ou des ondes audibles. Comme dans tous ces phénomènes, il y a des seuils à respecter et des gestes à ne pas faire. Les ondes électromagnétiques de la radio ne sont pas plus agressives que les autres ondes non ionisantes, voire moins étant donné leur faible énergie. Dans l'ordre des fréquences, il y a les ondes sonores et juste au-dessus les ondes radio, puis très au-dessus les ondes lumineuses, qui précèdent les rayons ultraviolets et les ondes ionisantes. Bien évidemment, les ondes ionisantes sont dangereuses dès que leur puissance dépasse un seuil relativement bas, mais elles n'ont strictement rien à voir avec les ondes utilisées en télécommunications, qui transportent beaucoup moins d'énergie que les ondes lumineuses et un peu plus que les ondes sonores.

La dépense énergétique est un problème réel, déjà fortement perçu, ne serait-ce que par les coûts pris en charge par les grandes entreprises. Google dépense plus d'un milliard de dollars dans l'énergie nécessaire pour alimenter ses centres de données. Un effort important a été effectué par les spécificateurs de la 5G pour diminuer la consommation des antennes. Cependant, si celle-ci baisse, la virtualisation logicielle utilisée dans les centres de données 5G fait monter la consommation sur cette partie du réseau. La consommation globale dans un système 5G complet, en tenant compte des parties radio, accès et réseau cœur, est difficile à évaluer précisément, mais on peut atteindre une stabilité dans la dépense énergétique en tenant compte de la baisse de la consommation de chaque antenne couplée à l'augmentation du nombre d'antennes. Même si un léger accroissement peut se faire sentir dans le cas où le trafic continuerait à augmenter exponentiellement. En éliminant les générations précédentes, de la 2G à la 4G, pour affecter toutes les fréquences radio à la 5G, on devrait constater une forte réduction de l'énergie consommée. Il faut donc procéder le plus rapidement possible à ce remplacement, d'autant plus que ces premières générations dépensaient proportionnellement nettement plus d'énergie que la 5G. Il est aussi urgent de récupérer les fréquences des anciennes générations dont les antennes ont une portée beaucoup plus longue à puissance égale, pour les réaffecter à la 5G. Cela permettrait de diminuer le nombre d'antennes pour une puissance constante. On pourrait même en profiter pour diminuer sérieusement la puissance des antennes en en conservant le nombre prévu pour la 5G. Il est donc urgent de réallouer les fréquences attribuées aux réseaux de mobiles en dessous de 1 gigahertz à la 5G. Une préconisation certes plus facile à dicter qu'à mettre en œuvre, mais c'est un effort qui serait très productif.

Il faudrait également intégrer les systèmes de distribution de la télévision dans la 5G, pour récupérer les bandes de fréquences de l'audiovisuel et n'avoir plus qu'une seule infrastructure, moins coûteuse et consommant globalement moins d'énergie. Cela grâce à la réutilisation des fréquences de la télévision hertzienne, qui ont une très longue portée et qui permettraient de diminuer le nombre total d'antennes ainsi que les valeurs des DAS sur l'ensemble du territoire.

Si ces différentes dispositions sont bien prises en compte, la dangerosité potentielle diminuera avec la consommation énergétique.

Reste la partie économique, qui est à double tranchant. Il faut à la fois profiter de la 5G et maîtriser l'importance de son rôle dans le contrôle de la société, et en particulier de la vie privée de chacun. Une tâche d'autant plus difficile que bon nombre d'États comptent bien faire de la 5G leur fer de lance pour relancer leur économie, la numériser – avec tous les progrès que cela peut représenter –, mais aussi pour en prendre le contrôle grâce aux centres de données de cette cinquième génération.

La relance de l'économie sera possible grâce à la mise en place d'une infrastructure numérique mondiale et à l'automatisation des processus, qu'ils soient industriels ou non. L'automatisation de la production permettra une augmentation substantielle en termes de productivité et de profits. Il faut veiller à ce que l'accroissement des gains qu'entraînera cette forte amélioration de la productivité donne lieu à une redistribution et non à l'enrichissement d'une faible minorité. Est-ce possible ? Pour ma part, j'en doute fort.

L'autre grand problème est le contrôle de l'ensemble de la chaîne 5G qui accumule des éléments susceptibles de donner naissance à des empires où seraient instaurées une surveillance continue et une influence grandissante sur les foules.

Car la 5G a, comme la plupart des systèmes, des avantages et des inconvénients. Une vigilance accrue devra être exercée soit par un organisme mondial qui poussera dans les bonnes directions, telles que la distribution des contrôles et le respect de la vie privée, soit en sensibilisant les États pour qu'ils ne prennent pas de mauvais cap.

En fait, c'est ce qu'avait prédit Nikola Tesla, dans le magazine américain *Colliers* en janvier 1926, lorsqu'il évoquait les évolutions prévisibles des modes de communication à l'échelle de la planète. Il écrivait notamment : « Lorsque le sans-fil sera utilisé de manière parfaite, l'ensemble de la Terre sera transformé en un gigantesque cerveau [...] Nous serons capables de communiquer les uns avec les autres instantanément, quelle que soit la distance [...] Les machines, qui nous permettront d'accomplir ceci seront incroyablement plus simples que le téléphone actuel. Un homme pourra en transporter une dans la poche de son veston. »

En réalité, la 5G n'est qu'une marche pour aller plus haut, plus vite. Les recherches sur la 6G ont démarré mi-2019. Les Asiatiques ont pris les devants pour essayer d'imposer encore plus leur avance technologique dans ce domaine. Les principaux laboratoires qui font déjà travailler plus de cinquante chercheurs sur la génération suivante sont Huawei et ZTE en Chine, Samsung et LG en Corée du Sud, et NTT Docomo au Japon. En Europe, on assiste plutôt à une réflexion coopérative sur ce que pourrait être la 6G. Les États-Unis essaient de conserver leur avance technologique sur les composants qui seront utilisés dans quelques années.

Nous avons vu que la 5G arrivait tout juste sur le marché en 2020, avec une première phase de spécifications. Mais elle doit se déployer en trois phases, et le mois de juin 2020 a été l'occasion de la publication des spécifications de la phase 2. Celles de la phase 3, dont l'élaboration a démarré en 2019, ne seront publiées qu'en fin d'année 2021, or on prévoit dès maintenant un retard de six mois, ce qui donnerait une sortie du standard en mars 2022. Le temps de développement des produits industriels correspondants, pour permettre la mise en place complète de la 5G, nécessitera deux ans de plus. Les produits finalisés commenceront donc à se déployer en 2024 et arriveront réellement sur le marché en grand nombre courant 2025. Les spécifications de la

5G+, qui pourrait être vue comme une pré-6G, devraient être précisées en 2025, bien que l'on ait déjà des idées assez avancées sur ce que pourrait être cette génération.

Les constellations de satellites, une révolution inutile ?

Une petite révolution devrait se concrétiser avec l'arrivée des constellations de satellites 5G, qui pourrait marquer la fin de la fracture numérique en donnant la possibilité à des milliards de personnes de se connecter à relativement bas prix sur la 5G. Cette vision n'est toutefois pas aussi idyllique que cela, et de sombres préoccupations financières sont associées à cette volonté d'offrir hauts débits et accès à toutes les applications à l'ensemble de l'humanité. De plus, nous avons vu que cette génération de satellites pourrait causer des embouteillages dans le ciel, mais elle a également d'autres caractéristiques problématiques qui méritent d'être mentionnées.

Tout d'abord, le coût de ces constellations 5G est exorbitant, puisqu'il faut des fusées pour procéder au lancement, qui s'effectue par grappes de ces satellites de petite taille, ou nano-satellites. La première constellation 5G devrait posséder 2 000 satellites en 2025, et s'étoffer dans les années suivantes. Cette constellation appartient à la société américaine Omnispace, qui a choisi Thales pour le développement de deux satellites expérimentaux, dans un premier temps. La future constellation vise à offrir le premier réseau mondial 5G NTN (réseaux non terrestres) sur le marché. Omnispace et TAS (Thales Alenia Space) contribueront ainsi au développement de la spécification relative aux réseaux NTN, qui sera mise en œuvre à l'échelle mondiale.

Ce réseau a pour objectif de connecter les objets qui se démultiplient sur la surface terrestre, qu'il s'agisse d'un gros véhicule ou d'un très petit capteur de température. Les débits vont de quelques octets par jour à plusieurs mégabits par seconde. Cette constellation se propose d'utiliser la norme de technologie appelée NB-IoT (*NarrowBand IoT*), qui permet de connecter à bas débit des objets divers en étant très économe en énergie.

Le problème le plus complexe pourrait venir de la puissance d'émission à partir du satellite, et surtout de l'objet, puisqu'une distance de 600 kilomètres doit être parcourue. La propagation se fait aisément à haute altitude, au-dessus de l'atmosphère. Mais, plus on se rapproche de la Terre, plus la propagation devient difficile sur les fréquences dévolues aux systèmes satellitaires. Un avantage évident est l'absence d'obstacles si l'objet est à l'extérieur. Il faut cependant une puissance de plusieurs watts à l'émission, c'est-à-dire nettement plus qu'une transmission vers une antenne fixe terrestre. Cela implique une zone de danger tout près de l'objet, demandant un éloignement de quelques dizaines de centimètres. Certes, ce n'est pas un souci si l'objet ne se trouve pas sur un être humain, au contact de sa peau ou à seulement quelques centimètres.

On peut cependant s'interroger sur l'intérêt de constellations de ce type, et même sur leur rentabilité. Il est vrai cependant que l'Internet des objets est amené à se développer d'une façon considérable et qu'il est important de pouvoir compter sur une connexion continue, même dans les zones blanches. Par exemple, un véhicule qui serait suivi par un jumeau numérique doit pouvoir communiquer en continu avec lui à des débits relativement importants. Car ce jumeau est chargé de suivre l'évolution des paramètres de fonctionnement et, avec de l'intelligence artificielle ou du Big Data, d'anticiper toute anomalie ou panne qui pourrait survenir dans les secondes ou les minutes suivantes.

Néanmoins, globalement, ces constellations n'ont pas encore prouvé leur réelle utilité, et la complexité de leur mise en œuvre semble aujourd'hui démesurée par rapport aux objectifs poursuivis.

La 5G+ répond-elle mieux aux objectifs visés ?

Les évolutions de la 5G dans la période 2021-2022

La 5G va évoluer en deux temps. Le premier correspond à la sortie, en octobre 2021 ou mars 2022, de ce que l'on appelle la « *release* 17 », c'est-à-dire la troisième et dernière spécification de la 5G. Puis les normalisateurs s'attaqueront à la génération intermédiaire entre 5G et 6G, dénommée pour le moment 5G+.

La troisième phase de la 5G promet des nouveautés parmi lesquelles on peut citer un mode radio complémentaire, le NR-Light (*New Radio Light*), dont l'un des objectifs est de pouvoir connecter des objets assez complexes nécessitant un fort débit tout en limitant fortement la consommation énergétique. Les voitures connectées en font partie. Le débit nécessaire pour émettre toutes les mesures caractérisant ce type de véhicules sera de l'ordre de 1 mégabit par seconde. La puissance consommée par le véhicule rien que pour cette émission ne serait pas négligeable, même avec un moteur de milieu de gamme. L'objectif du NR-Light est de parvenir à conserver un niveau de consommation assez bas tout en augmentant fortement la capacité de transmission du véhicule et en y ajoutant une fiabilité de haut niveau.

Parmi les projets de cette même phase, on trouve beaucoup d'autres propositions visant à limiter la dépense énergétique. La consommation énergétique devrait donc peu augmenter par rapport à la 4G et à la 5G, voire baisser si un effort important permet à celle des centres de données de rester stable. La maîtrise des dépenses énergétiques reste un point très important pour les réseaux de mobiles, puisque nous avons vu que leur augmentation globale dans le secteur des technologies de l'information est foudroyante et pourrait conduire, si rien n'est fait pour l'éviter, à une rupture énergétique à la fin des années 2020. Dans ce domaine, un réel espoir de voir enfin la dépense des centres de données décroître pourrait se faire sentir avec la 5G+.

Une connectivité simultanée 4G/5G est aussi envisagée. Certains paquets passeront par la 4G et d'autres par la 5G, mais ils devront éventuellement être remis dans l'ordre par le destinataire, puisque les deux réseaux ne vont pas à la même vitesse. Évidemment, cette solution augmentera le débit total, mais elle consomme plus d'énergie puisqu'il faut ajouter la consommation de la 4G à celle de la 5G. De même, les puissances s'ajoutent, ce qui pourrait aboutir à un dépassement des limites réglementaires. Cette solution est à éviter autant que possible, d'autant qu'elle ne serait que transitoire, en attendant que la 5G s'implante partout et fasse disparaître la 4G.

Toujours dans les compléments de spécifications de fin 2021, les ondes 5G doivent se déployer tout d'abord sur les fréquences entre 24 et 28 gigahertz, puis jusqu'à 39 gigahertz. Il est même envisagé dans les spécifications de pouvoir installer la 5G sur ce que l'on appelle la bande de fréquences des 60 gigahertz. Ces nouvelles fréquences augmenteront le débit, mais elles sont difficiles à manipuler, puisqu'elles ne franchissent absolument pas les obstacles. Elles sont arrêtées par la surface de la peau, ce qui les rend absolument inoffensives puisque très loin des fréquences ionisantes qui pourraient s'attaquer aux cellules. Elles sont, à puissance comparable, ce qui est le cas pour les émissions 5G, beaucoup moins dangereuses que les ondes lumineuses du Soleil, qui elles-mêmes sont beaucoup moins dangereuses que ses ondes ultraviolettes, contre lesquelles il faut à tout prix se protéger.

On l'a vu au fil des pages de ce livre, plus on monte en fréquence et plus la portée du signal est restreinte. Pour atteindre des distances supérieures, il faut accroître la puissance, ce qui pourrait pousser les opérateurs à se rapprocher des valeurs maximales d'absorption par le corps humain s'ils choisissaient de ne pas augmenter le nombre d'antennes pour limiter le coût de déploiement de la 5G. Sans une extrême attention, la barrière pourrait être franchie en se rapprochant, voire en dépassant les limites définies pour éviter toute dangerosité. Il faut absolument rester sur les mêmes puissances qu'aujourd'hui, voire les diminuer légèrement, et donc accroître le nombre d'antennes. Et cela a un prix, ce qui veut dire que le déploiement de la 5G aura un coût important, certainement supérieur aux prévisions actuelles. Les opérateurs ne doivent pas se laisser aller à la facilité financière. Et il ne faut pas non plus que le gouvernement exige un déploiement trop rapide, forçant les opérateurs à passer outre les recommandations indiquées.

Il faut plus d'antennes, puisque les portées diminuent. La 5G de base se heurtait déjà à cette problématique avec les premières fréquences attribuées en septembre 2020, autour de 3,6 gigahertz, puis le problème va prendre de l'ampleur avec les fréquences autour de 26 gigahertz. En allant vers les 60 gigahertz, les antennes ne portent plus qu'à quelques dizaines de mètres. Si on utilise une forte directivité, la portée augmente puisque, comme nous l'avons déjà indiqué, le signal se propage droit devant lui, évitant les chemins multiples pour arriver jusqu'au destinataire, et diminue de ce fait les interférences, ce qui donne la possibilité d'aller plus loin avec la même puissance. Pour cette raison, on se dirige toujours plus vers des réseaux d'antennes permettant d'avoir autant de lobes que de clients à atteindre, comme cela est montré à la figure 8.1.

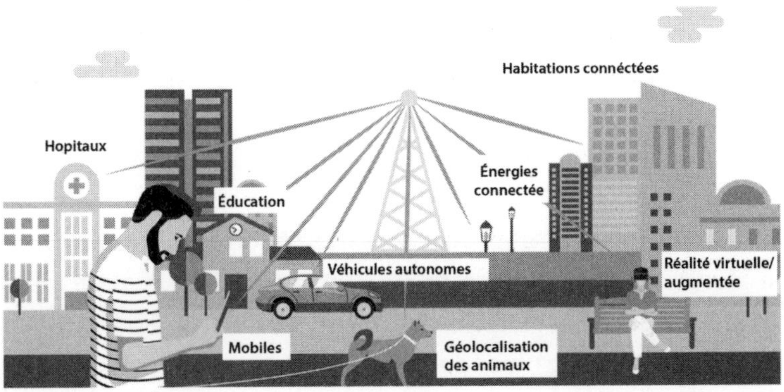

Figure 8.1 – Les futurs lobes des réseaux utilisant les hautes fréquences

Le souhait des opérateurs est toujours le même : ne pas augmenter les coûts malgré la nécessité de poser de plus en plus d'antennes pour limiter les puissances d'émission, avec la tentation d'accroître ces puissances pour avoir besoin de moins d'antennes. Il faudra veiller au grain et ne pas se laisser tenter par une solution bâtarde où les puissances augmenteraient jusqu'aux limites tout en restant conformes aux lois.

Les fréquences dans la gamme des 20 gigahertz desserviront des clients en vue directe ou à l'intérieur d'environnements fermés, comme les domiciles et les entreprises, où les obstacles serviront à réfléchir le signal qui parviendra ainsi à son destinataire. Il faut dans ce cas une antenne par pièce. Ces antennes pourraient par exemple être intégrées dans les prises électriques.

Dans la *release* 17 de la phase 3, de nombreux travaux sont dévolus aux véhicules et aux communications entre véhicules et n'importe quel autre équipement (smartphone, objet connecté, infrastructure) que l'on appelle V2X (*Vehicle to Everything*). Par exemple, les feux rouges pourraient passer automatiquement au vert à l'arrivée d'un véhicule grâce à une communication entre les deux dispositifs. Bien évidemment, cela ne serait possible que si la circulation était particulièrement fluide. Un exemple plus utile concerne les véhicules prioritaires, qui auront tous les feux au vert sur leur passage.

Une des principales avancées des spécifications concerne la localisation, qui sera précise au centimètre près. La technique proposée apportera un complément au GPS et au système européen Galileo, dans l'objectif de permettre, à partir d'une localisation à quelques mètres près, d'affiner la précision pour arriver au centimètre. Il est vrai que l'algorithme de localisation est surtout relatif, avec pour but intrinsèque de placer les objets les uns par rapport aux autres. En particulier, cette proposition sera particulièrement utile dans le cadre des véhicules autonomes : elle permettra de déterminer dans quelle direction se dirige une voiture et si elle est bien du bon côté de la route.

Les nouveautés de la prochaine spécification de la 5G se retrouvent pour la plupart dans les applications, dont l'une particulièrement examinée concerne l'Internet des objets dans le monde industriel : l'IIoT (*Industrial Internet of things*), qui s'appuie sur les technologies propres à l'Internet des objets (IoT), c'est-à-dire un pilotage de la fabrication grâce à des capteurs et des actionneurs, tandis que l'industrie 4.0 exploite les réseaux pour connecter des machines-outils à des centres de commande automatisant la production. En fait, l'industrie du futur est la somme de ces deux environnements, où les centres de commande et les objets communiqueront pour optimiser la production. L'automatisation de la production via la 5G pourra démarrer une fois les produits testés et validés, vers 2024.

Une autre avancée majeure attendue concerne l'arsenal technique pour diffuser des programmes de télévision. Les technologies de l'audiovisuel, comme la TNT, pourraient disparaître au profit de la 5G. La 4G permettait déjà de transporter des canaux de télévision. La 5G améliore et optimise ce transport, qui s'effectue schématiquement utilisateur par utilisateur. Il y a donc autant de canaux de transmission que d'utilisateurs. Avec la technologie 5G Broadcast, les antennes peuvent diffuser vers tous les utilisateurs qui se trouvent dans la même cellule en une seule fois, comme le fait le signal de télévision à partir d'une antenne télé. Cependant, il y a une contradiction entre la directivité des futures antennes 5G et la nécessité d'avoir au contraire une antenne diffusant le plus largement possible. Cela implique l'existence, sur un même mât, d'antennes à la fois directives et de diffusion.

Cette convergence de l'audiovisuel et des télécommunications est sûrement un bon point de départ pour faire baisser les coûts, mais cela augmentera le pouvoir de ceux qui dirigeront cet ensemble. La télévision n'est pas la seule application fonctionnant par diffusion : la Sécurité civile utilise ce même principe pour lancer des alertes. Les véhicules qui se déplacent rapidement seront également associés à des réseaux permettant la diffusion pour que le signal leur arrive dans de bonnes conditions malgré un déplacement rapide.

Dans cette perspective, au lieu de plusieurs réseaux avec des antennes dont les puissances s'ajoutent, il n'y aura plus qu'un seul réseau. Deuxième avantage, les fréquences de télévision pourront être récupérées par l'État et revendues aux opérateurs de télécommunications, ce qui devrait représenter une somme assez considérable, puisque les fréquences utilisées par la télévision sont d'excellente qualité et portent très loin – à plusieurs kilomètres. Elles se situent en général entre 200 et 700 mégahertz, selon les pays. Ce regroupement donnerait la possibilité aux opérateurs d'acquérir ces fréquences et de diminuer le nombre d'antennes. Ces antennes remplaceraient avantageusement celles de la télévision, qui sont peu nombreuses et ont des puissances énormes. Il faudrait que les opérateurs ne reprennent pas les puissances de ces antennes de télévision mais en récupèrent les fréquences pour émettre à partir des pylônes 5G existants, afin de diminuer fortement la puissance des antennes : on l'a vu, plus il y a d'antennes utilisant des fréquences basses, plus on peut diminuer la puissance de chacune pour couvrir un même territoire.

L'inconvénient majeur est de concentrer le contrôle de plus en plus d'applications entre les mains des opérateurs de télécommunications, dont la puissance ne ferait qu'augmenter pour potentiellement faire d'eux des concurrents sérieux des entreprises du GAFAM. Mais cela permettrait aussi de diminuer la force de ces grandes entreprises qui font la pluie et le beau temps... La loi américaine demande que les grandes sociétés devenant des monopoles soient scindées en deux ou plusieurs entreprises pour justement éviter les abus. Dans la convergence télécommunication et audiovisuel, c'est la démarche inverse : l'augmentation du pouvoir des dirigeants par regroupement.

L'arrivée de la 5G+

Si l'on franchit une étape de plus dans la 5G, cela nous amène en 2025, avec la conclusion des spécifications de la 5G+ ou d'une pré-6G. Quoique cinq ans soient une éternité en matière de développements technologiques et qu'il soit difficile d'imaginer les découvertes qui viendront modifier le monde des télécommunications, de nombreux laboratoires travaillent déjà sur les spécifications de demain. Si le choix de signaux de plus en plus directionnels paraît relativement unanime, le vrai débat porte sur le contrôle de cet environnement qui octroiera un pouvoir certainement trop grand à celui qui prendra la main. Deux architectures s'affrontent depuis les premières publications à ce sujet : la centralisation et la distribution, avec quelques propositions supplémentaires, mi-centralisées, mi-distribuées.

Dans ces spécifications du futur, les préoccupations concernant la dangerosité du signal et la demande en énergie sont plus qu'évoquées et devraient donner naissance à plusieurs groupes de travail qui plancheront sur de nouvelles améliorations. Car on assiste à une réelle prise de conscience de nombreux ingénieurs, qui ont compris que ces sujets ne sont pas anodins et qu'ils méritent d'être pris au sérieux… Même si pour le moment la technologie prime encore sur les idées.

La centralisation a pour avantage principal de simplifier la technologie, et par voie de conséquence de diminuer les coûts. Les inconvénients ne sont cependant pas négligeables, surtout concernant la sécurité, que ce soit sur le plan sociétal ou technologique. La centralisation permet de manipuler plus aisément les informations, puisqu'elles sont regroupées, mais donc aussi d'engendrer plus facilement des *fake news*, qui se diffusent simplement à partir du centre. Malheureusement, nous inaugurons une civilisation où le nombre de fausses informations augmente à une vitesse prodigieuse, avec des entreprises spécialisées dans ce domaine, souvent au niveau politique et de plus en plus aussi dans le domaine technique. Pour détruire une société concurrente, une campagne de dénigrement à base de *fake news* est la garantie d'obtenir des résultats rapidement. La vitesse de propagation de l'information est un critère qui a toujours été important, mais des étapes permettaient toujours de vérifier la véracité de cette information. Avec la 5G, et plus généralement les techniques d'aujourd'hui et de demain, de moins en moins de vérifications sérieuses seront effectuées. Pourtant, les quelques sociétés qui en font encore parviennent à détecter ces fausses informations, hélas bien après leur diffusion via les réseaux sociaux.

La centralisation a plutôt du bon concernant la partie technique, puisque les informations nécessaires pour vérifier le bon fonctionnement du réseau se trouvent concentrées en un point. Des systèmes fondés sur l'intelligence artificielle sont capables de détecter et de diagnostiquer rapidement les anomalies, les pannes, et plus globalement tous les problèmes qui peuvent se poser. Là où le bât blesse, c'est en cas de déraillement du système de contrôle, qui fera trébucher le réseau et toutes les applications associées. Cela représente pratiquement un arrêt de toutes les applications déployées dans le monde civil, et certainement aussi une partie des applications de la Défense nationale.

Ce monde centralisé concentre trop de dangers, même s'il coûte beaucoup moins cher à fabriquer. Il faut absolument revenir à la source des réseaux : l'Internet. Ce dernier a eu un immense succès parce que la solution proposée était à la fois simple et distribuée. Il n'y a aucun contrôle central dans son fonctionnement de base. Les utilisateurs échangent leurs données par l'intermédiaire de routeurs. Ces nœuds de routage communiquent avec leurs voisins pour avoir une idée de l'encombrement des liaisons. En fonction de ces informations, les routes suivies par les paquets peuvent être modifiées, mais ces changements s'effectuent d'une façon totalement distribuée.

Le réseau 5G+ doit suivre le même principe de base. Si un nœud, une antenne ou un centre de données tombent en panne, le réseau continue de fonctionner pour les milliards d'utilisateurs connectés, à l'exception évidemment de ceux concernés par la partie en panne. L'autre énorme avantage est la consommation énergétique. Pour aller d'un client à un autre, il n'est plus nécessaire de remonter vers un système central puis de redescendre vers le destinataire, le plus souvent situé à proximité de l'émetteur. La communication est directe, et si possible en un seul saut d'un utilisateur à un autre. Cette solution, le D2D (*Device to Device*), protège mieux la vie privée des utilisateurs, qui discutent en direct sans passer par un centre de données.

On appelle « participatifs » les réseaux qui fonctionnent selon ce principe. Chaque individu ou chaque objet se connectant offre des ressources au réseau permettant une communication locale en D2D. La consommation énergétique diminue de façon importante, et le respect de la vie privée est bien mieux assuré, puisqu'il n'y a pas de centres de données intermédiaires à traverser, avec les risques que cela comporte. Cette architecture a cependant pour défaut un manque de contrôle aussi bien local que global. Pourtant, elle intéresse Google, qui voudrait y intégrer une publicité de proximité et éventuellement faire remonter des flots vers un centre de données central. En supposant que ce premier défaut puisse être évité par la commercialisation d'équipements intelligents, non intégrés dans le smartphone, il en existe un deuxième, celui du gestionnaire de ce réseau. En effet, ce serait surprenant qu'il n'y ait pas d'attaques de la part d'au moins un des participants à ce réseau. Il faut donc un système de sécurité et de contrôle de l'environnement distribué que nous ne savons pas réaliser aujourd'hui. Il faut développer la recherche en intelligence artificielle distribuée, pour pouvoir contrôler un environnement lui-même distribué. Dans une dizaine d'années, cette recherche nous aura certainement proposé des solutions.

Si l'on revient aux recherches et développements pour définir les spécifications à adopter en 2025 pour la 5G+, il y a le passage à l'échelle des réseaux virtuels. Nous avons déjà vu que le futur semblait reposer sur le déploiement automatique d'un réseau par utilisateur et par application. L'utilisateur qui souhaite accéder à sa banque se voit automatiquement mettre à disposition par le système 5G un réseau (une slice) pour lui tout seul. Ce réseau sera détruit à la fin de sa communication avec sa banque. Si telle est vraiment la direction que l'on prend pour la 6G, il faudra pouvoir ouvrir à la volée des milliards de réseaux virtuels aux heures de pointe, et bien évidemment les gérer et les contrôler. Cette solution très alléchante, puisqu'elle apporte exactement la qualité de service voulue pour l'application à prendre en charge, paraît cependant beaucoup trop complexe, surtout si l'on songe à distribuer les ressources et à les contrôler.

Dans les propositions 5G+, on trouve également l'utilisation de fréquences au-dessus de 1 000 gigahertz, soit 1 térahertz. On s'approche de la lumière visible à l'œil nu. Ce domaine est en pleine extension, car les débits obtenus sont fabuleux. Les tout premiers produits arrivent sur le marché avec le Li-Fi (*Light Fidelity*), où une ampoule ou un néon peuvent émettre, intégrés à la lumière, des signaux codés transportant des informations. Dans le Li-Fi, la transmission s'effectue sur des fréquences correspondant à celles de la lumière visible, entre 460 térahertz (rouge orangé) et 670 térahertz (bleu vert). En comparaison, la 5G de base utilisera des fréquences radio, entre 0,7 et 30 gigahertz, tandis que le Li-Fi utilise des fréquences électromagnétiques du spectre visible, ce qui donne un scintillement de la lumière invisible à l'œil nu. Cette utilisation d'ondes électromagnétiques à beaucoup plus haute fréquence que celles utilisées jusqu'à présent, et dans les premières générations de la 5G, ne fait pas peur, puisque la lumière est visible. Pourtant, si l'on s'approche de la source et que l'œil regarde la lumière à quelques millimètres de l'émetteur, il subira des dommages importants. Les fréquences sont presque un million de fois plus rapides que celles des ondes électromagnétiques de la 5G et les puissances sont tout à fait comparables.

Le Li-Fi est considéré comme un des premiers produits de la famille des systèmes VLC (*Visible Light Communications*). D'autres solutions utilisant la lumière connaissent également un certain succès, telles que les lasers pour l'émission d'un faisceau de lumière sur une fibre optique, ou les équipements IrDa (*Infra red Data Association*) employant des fréquences infrarouges se trouvant entre les ondes visibles et les ondes radio.

Les ondes Li-Fi sont aussi de plus en plus étudiées pour la communication entre véhicules, puisque, entre deux voitures avançant sur une route, il n'y a pas d'obstacle pouvant arrêter la lumière. À partir des ondes millimétriques, les obstacles arrêtent totalement les ondes, même une feuille de papier. Il y a une forte similitude entre une onde millimétrique 5G arrêtée à la surface de la peau et une onde électromagnétique lumineuse stoppée de la même façon.

Le futur de la 6G

De nombreux laboratoires étudient déjà la 6G, qui fera ses débuts en 2030. Il ne s'agit encore que d'idées de recherche, et il n'est absolument pas question de choix déjà effectués. C'est plutôt la 5G+ qui orientera les recherches en donnant les directions à suivre. Nous avons déjà vu deux techniques qui font partie de ces recherches : le passage à l'échelle du nombre de slices et l'utilisation des réseaux quantiques.

Depuis un peu moins d'une dizaine d'années, nous virtualisons de plus en plus d'éléments physiques. Cela équivaut à faire exécuter une fonction par un logiciel qui fonctionne quelque part dans un centre de données et qui renvoie à l'élément physique le résultat de la fonction. On appelle également cette virtualisation « dématérialisation », puisqu'on remplace la partie matérielle par une fonction logique pouvant s'exécuter loin de l'objet physique. Les avantages, que nous avons déjà examinés à plusieurs reprises, sont liés à la modification de la fonction logique, qui s'effectue en changeant le logiciel sans remplacer le matériel.

Cette solution de virtualisation logicielle devrait être remplacée par une virtualisation matérielle grâce à de nouveaux serveurs utilisant des processeurs reconfigurables : le matériel se reconfigure en un nouveau matériel, de telle sorte que la fonction s'exécute sur du matériel physique avec le même résultat qu'en logiciel. Il est donc très facile de changer la fonction en reconfigurant le matériel. Les avantages sont énormes pour la 5G+, voire la 6G : beaucoup plus de puissance que les fonctions logicielles et une consommation très inférieure pour un même travail. Il est possible d'assurer dès maintenant que la 5G+ ou la 6G ne consommeront pas plus que la 5G, voire nettement moins, mais le nombre d'antennes pourrait encore augmenter, de telle sorte qu'il devrait y avoir une certaine stabilité de la consommation. Si, de plus, on utilise les fréquences dévolues aujourd'hui à la télévision, le nombre d'antennes n'aura plus à augmenter et pourrait même diminuer.

Le vrai débat oppose la centralisation des fonctions et leur distribution. Cet essai montre bien que la distribution est à privilégier. Mais cela entraîne un coût de développement bien supérieur, puisque de nombreux mécanismes restent à spécifier, à tester et à implanter. Ce choix doit être fait rapidement pour orienter prioritairement les efforts de recherche dans cette direction. Si l'on associe à cette distribution des fonctions de contrôle et des applications, une nouvelle génération de sécurité doit être amorcée avec un réseau de cartes iSIM, lui-même distribué. Enfin, des algorithmes de défense de la vie privée doivent également être mis en place avec plus d'efficacité que ce qui existe aujourd'hui.

La 5G, une manne économique et technologique, mais qui n'est pas sans dangers

On voit bien la diversité des domaines sur lesquels la 5G aura un impact plus ou moins important. Chaque grande application apporte aussi sa part d'innovations et de dangers par une accélération du développement et de la mise en place de l'infrastructure numérique, pour des raisons essentiellement économiques et non pour rendre des services précis aux utilisateurs. Le besoin est créé par le réseau, et non l'inverse. La 5G sous-tend un modèle économique fort qui se structure au travers de la technique. Il est cependant indéniable que suite à une année 2020 difficile à cause de la pandémie de Covid-19, tous les moyens sont bons pour relancer l'économie, et la 5G est clairement en position de force pour que cette relance soit effective.

Si l'on considère pour acquis l'avantage économique du déploiement de la 5G, il reste à s'assurer que la mise en place d'un réseau mondial, avec des centres de contrôle de plus en plus puissants, ne présente pas de risques de rupture qui ferait finalement de la 5G un désastre sociétal. La technique a l'avantage d'être mieux structurée, et la recherche mondiale sait doser et assez bien prédire ce que l'on sera capable de faire ou ne pas faire sur une période certes de plus en plus courte mais se comptant malgré tout encore en années.

Index

Bibliographie technique

Anses : *Exposition aux radiofréquences et santé des enfants.* Avis de l'Anses. Rapport d'expertise collective. Agence nationale de sécurité sanitaire de l'alimentation, de l'environnement et du travail (2016).

Anses : *Hypersensibilité électromagnétique ou intolérance environnementale idiopathique attribuée aux champs électromagnétiques.* Avis de l'Anses. Rapport d'expertise collective. Agence nationale de sécurité sanitaire de l'alimentation, de l'environnement et du travail (2018).

Anses : *Effets sanitaires liés à l'exposition aux champs électromagnétiques basses fréquences.* Avis de l'Anses. Rapport d'expertise collective. Agence nationale de sécurité sanitaire de l'alimentation, de l'environnement et du travail (2019).

Baracca P., Weber A., Wild T. and Grangeat C. : *A Statistical Approach for RF Exposure 2898 Compliance Boundary Assessment in Massive MIMO Systems,* WSA'2018 (2018).

Choi J., Hwang J.H., Lim H. *et al.* : « Assessment of radiofrequency electromagnetic field exposure from personal measurements considering the body shadowing effect in Korean children and parents », *Science of the Total Environment* 62(7), 1544-1551 (2018).

DETEC : *Rapport Téléphonie mobile et rayonnement,* publié par le groupe de travail Téléphonie mobile et rayonnement sur mandat du DETEC, Suisse (2019).

Gajsek P., Ravazzani P., Wiart J. *et al.* : « Electromagnetic field exposure assessment in Europe radiofrequency fields (10 MHz–6 GHz) », *J Expo Sci Environ Epidemiol* vol. 251, 37-44 (2019).

Gonzalez-Rubio J., Najera A., Arribas E. : « Comprehensive personal RF-EMF exposure map and its potential use in epidemiological studies », *Environ Res* 149, 105-12 (2016).

He Q., Zong L., Sun Y. *et al.* : « Adaptive response in mouse bone marrow stromal cells exposed to 900 MHz radiofrequency fields: Impact of poly (ADP-ribose) polymerase (PARP) », *Mutation Research* vol. 820, 19-25 (2017).

Huang Y., Wiart J. : « Simplified Assessment Method for Population RF Exposure Induced by a 4G Network », *IEEE Journal of Electromagnetics, RF and Microwaves in Medicine and Biology* 1(1), 34-40 (2017).

Hug K., Achermann P., Dürrenberger G., *et al.* : *Beurteilung der Evidenz für biologische Effekte schwacher Hochfrequenzstrahlung*, Berne, rapport établi à la demande de l'Office fédéral de l'environnement (OFEV) (2014).

Kheifets L., Crespi C., Hooper C., Cockburn M., Amoon A., Vergara X. : « Residential magnetic fields exposure and childhood leukemia: a population-based case-control study in California », *Cancer causes & control*: CCC 28 (10), 1117-1123 (2018).

Kühn S., Kuster N. : « Field Evaluation of the Human Exposure From Multiband, Multisystem Mobile Phones », *IEEE Transactions on Electromagnetic Compatibility* 55(2), 275-287 (2013).

Lauer O., Frei P., Gosselin M.C. *et al.* : « Combining near- and far-field exposure for an organ-specific and whole-body RF-EMF proxy for epidemiological research: A reference case », *Bioelectromagnetics* 34(5), 366-374 (2013).

Liu D., Li C.S., Kang Y.Y. *et al.* : « Numerical analysis for infant's unintentional exposure to 3.5 GHz plane wave radiofrequency electromagnetic fields by field test of fifth generation wireless technologies », *Radio Science 52*(9), 1140-1148 (2017).

Neufeld E., Carrasco E., Murbach M. *et al.* : « Theoretical and numerical assessment of maximally allowable power-density averaging area for conservative electromagnetic exposure assessment above 6 GHz », *Bioelectromagnetics* 39(8), 617-630 (2018).

Paramananda J., Colombi D., Thors B. *et al.* : « Output Power Levels of 4G User Equipment and Implications on Realistic RF EMF Exposure Assessments », *ISEE Access* 5, 4545-4550 (2017).

Röösli M., Lagorio S., Schoemaker M.J. *et al.* : « Brain and salivary gland tumors and mobile phone use: evaluating the evidence from various epidemiological study designs », *Annual Review of Public Health* 40 (2019).

Sagar S., Adem S.M., Struchen B. *et al.* : « Comparison of radiofrequency electromagnetic field exposure levels in different everyday microenvironments in an international context », *Environ Int* 114, 297-306 (2018).

Sagar S., Dongus S., Schoeni A. *et al.* : « Radiofrequency electromagnetic field exposure in everyday microenvironments in Europe: A systematic literature review », J Expo Sci Environ Epidemiol 28(2), 147-160 (2018).

SSM : *Recent Research on EMF and Health Risk*, Thirteenth report from SSM's Scientific Council on Electromagnetic Fields (2018).

Sudan M., Birks L.E., Aurrekoetxea J.J. *et al.* : « Maternal cell phone use during pregnancy and child cognition at age 5 years in 3 birth cohorts », *Environ Int* vol. 120, 155-162 (2018).

Zeleke B.M., Brzozek C., Bhatt C.R. *et al.* : « Personal Exposure to Radio Frequency Electromagnetic Fields among Australian Adults », *Int J Environ Res Public Health* 15(10) (2018).

Table des matières

Direction de la publication : Sophie Descours
Édition : Viviane du Guiny
Préparation de copie : Béatrice Argentier
Relecture des épreuves : Claudia Mericskay
Couverture : Le-petitatelier.com
Mise en pages : CGI
Fabrication : Rebecca Dubois

Les Éditions Larousse utilisent des papiers composés de fibres naturelles, renouvelables, recyclables et fabriquées à partir de bois issus de forêts qui adoptent un système d'aménagement durable. En outre, les Éditions Larousse attendent de leurs fournisseurs de papier qu'ils s'inscrivent dans une démarche de certification environnementale reconnue.

Achevé d'imprimer en Italie par
GRAFICA VENETA SPA
Dépôt légal : septembre 2020
326438/01-11044747 – août 2020
ISBN : 978-2-03-599654-1

PAPIER À BASE DE
FIBRES CERTIFIÉES

LAROUSSE s'engage pour
l'environnement en réduisant
l'empreinte carbone de ses livres
Celle de cet exemplaire est de :
700 g éq. CO_2
Rendez-vous sur
www.larousse-durable.fr